A LA MÊME LIBRAIRIE

Ouvrages de M. Félicien GIROD

Agrégé de l'Université
Professeur de mathématiques au lycée Corneille de Rouen

COURS DE GÉOMÉTRIE THÉORIQUE ET PRATIQUE, à l'usage des *Lycées* et des *Collèges*, de tous les *Etablissements d'instruction*, des aspirants au baccalauréat ès sciences et au diplôme d'études, contenant de nombreuses applications au dessin linéaire, à l'architecture, à l'arpentage, au levé des plans, au nivellement, etc., et plus de mille exercices proposés de géométrie pure et appliquée. *Troisième édition* revue et corrigée. 1 beau vol. in-8, broché........ 4 »

TRAITÉ ÉLÉMENTAIRE DE GÉOMÉTRIE à l'usage des élèves des Classes de lettres dans les *Lycées*, les *Collèges* et tous les *Etablissements d'instruction* et des candidats au baccalauréat ès lettres, contenant des applications au dessin linéaire, à l'arpentage, au levé des plans, au nivellement, à la topographie, lecture des cartes et un grand nombre d'exercices proposés de géométrie pure et appliquée. 1 vol. in-8, broché........ 3 »

SOLUTIONS RAISONNÉES des problèmes énoncés dans le **COURS** et dans le **TRAITÉ ÉLÉMENTAIRE DE GÉOMÉTRIE** à l'usage des *Lycées* et des *Collèges*, de tous les *Etablissements d'instruction*, des aspirants au baccalauréat ès sciences et au diplôme d'Etudes. 1 fort volume in-8, broché........ 6 »

Ces trois ouvrages renferment de belles figures sur fond noir intercalées dans le texte.

COURS D'ARITHMÉTIQUE THÉORIQUE ET PRATIQUE, n° 4, à l'usage des *Lycées* et des *Collèges*, de tous les *Etablissements d'instruction*, des aspirants au baccalauréat ès sciences et au diplôme d'études, renfermant plus de *mille* exercices sur les nombres entiers, les nombres fractionnaires, le système métrique, les racines carrée et cubique, les intérêts, l'escompte, les opérations de Bourse, les progressions, les intérêts composés et les annuités. *Deuxième édition* revue et corrigée. 1 vol. in-8, br........ 4 »

TRAITÉ ÉLÉMENTAIRE D'ARITHMÉTIQUE THÉORIQUE ET PRATIQUE, n° 3, à l'usage des *Lycées* et des *Collèges*, de tous les *Etablissements d'Instruction*, des élèves des Classes de lettres et des candidats au baccalauréat ès lettres, renfermant un grand nombre d'exercices sur les nombres entiers, les nombres fractionnaires, le système métrique, les racines carrée et cubique, les intérêts et l'escompte. 1 vol. in-8, br........ 2 50

COURS D'ALGÈBRE ÉLÉMENTAIRE THÉORIQUE ET PRATIQUE, n° 4, à l'usage des Lycées, des Collèges, de tous les *Etablissements d'Instruction*, des aspirants au baccalauréat ès sciences, au baccalauréat spécial et aux Ecoles du Gouvernement renfermant plus de **quatorze cents** exercices en 1 vol. in-8, br. 4 »

TRAITÉ ÉLÉMENTAIRE D'ALGÈBRE THÉORIQUE ET PRATIQUE, n° 3, à l'usage des Lycées, des Collèges, de tous les Etablissements d'instruction et des aspirants au baccalauréat ès lettres renfermant un grand nombre d'exercices. 1 vol. in-8, broché........ 2 50

GÉOMÉTRIE DESCRIPTIVE, traité élémentaire théorique et pratique conforme aux programmes officiels de l'enseignement secondaire spécial. 3e et 4e année et de l'Enseignement secondaire classique, contenant de nombreuses applications aux *ombres*, à la *coupe des pierres*, à la *coupe des bois*, au *levé des plans*, au *nivellement* et à la *perspective*, par MM. **Félicien GIROD** et **Thomy CANONVILLE**.
Cours de troisième année, deuxième édition. 1 vol. in-8, br........ 2 50
Cours de quatrième année. 1 vol. in-8, br........ 3 50

COURS DE MATHÉMATIQUES APPLIQUÉES, à l'usage des *Ecoles normales primaires*, des *Ecoles professionnelles*, des *Ecoles primaires supérieures* et de l'*enseignement spécial*, contenant des notions élémentaires de *géométrie descriptive* applicables au dessin industriel, l'*arpentage*, le *partage des terres*, le *levé des plans*, le *nivellement*, des questions pratiques sur le *cubage*, la *stéréotomie*, l'*architecture*, le *tracé des cartes*, le *lavis*, par **les mêmes**. *Deuxième édition* revue et corrigée. 1 vol. in-8, br........ 4 »

Paris. — Imp. E. Capiomont et V. Renault, 6, rue des Poitevins.

LEÇONS ÉLÉMENTAIRES

DE CHIMIE

PRÉFACE

Ce livre, rédigé spécialement pour les élèves des écoles normales d'institutrices, s'adresse aussi aux classes élevées des pensions de demoiselles et aux jeunes personnes qui se préparent à subir les épreuves du brevet supérieur.

La chimie est devenue indispensable à tous ceux qui veulent se rendre compte des phénomènes dont nous sommes chaque jour les témoins; c'est elle qui nous fait connaître l'air que nous respirons, le gaz que dégage le charbon en brûlant et qui agit si différemment sur les animaux et sur les plantes, l'eau, notre breuvage habituel, les principaux corps qui servent à l'éclairage des appartements, au blanchiment des tissus. C'est une étude très-attrayante, non-seulement parce qu'elle nous procure un bagage de connaissances utiles, mais parce qu'il est curieux d'apprendre comment les corps simples s'unissent pour former cette variété de composés qui nous entourent et que nous faisons servir à nos besoins ou à nos plaisirs.

Pour rendre la chimie facile, il fallait remplacer par des notions simples les généralités toujours abstraites que l'on trouve au commencement de chaque science, rendre les développements méthodiques, pour que chaque leçon pût conduire et préparer à la suivante, ne pas trop confier à la mémoire et chercher à la soulager en appelant à son aide le raisonnement et l'intelligence. C'est ce que nous nous sommes proposé de faire.

Les premiers chapitres étudient les corps sous les trois états qu'ils affectent et les changements que la chaleur y apporte, la notion élémentaire du mélange et de la combinaison, la distinction des corps simples et des corps composés. Nous n'y avons pas placé, comme c'est l'habitude, la nomenclature; les règles en sont reportées aux différents endroits où elles deviennent nécessaires et où des exemples frappants contribuent à les faire mieux retenir en faisant toucher du doigt leur utilité.

Les chapitres qui suivent sont consacrés à l'oxygène, l'hydrogène, l'azote, les générateurs de l'eau et de l'air, et aux autres corps simples qui ont quelques emplois importants. Pour chaque corps, nous avons d'abord présenté les propriétés, puis les usages qui en dérivent et qu'elles expliquent, et enfin l'état naturel ou les moyens de préparation.

Viennent ensuite des notions élémentaires sur les composés des métaux, les sels naturels les plus importants, comme le plâtre, la craie, les marbres; les sels industriels dont les usages sont journaliers, comme les potasses et les soudes, les chlorures décolorants et les aluns.

Les derniers chapitres présentent un court résumé des plus importants d'entre les corps que nous offrent les deux règnes organiques de la nature. C'est en effet aux végétaux et aux animaux que nous demandons presque tout ce qui sert à notre nourriture. Il nous a paru utile d'ajouter cette partie si intéressante de la chimie, qui non-seulement nous fait connaître nos aliments, mais encore étudie les causes de leur altération et nous indique les moyens d'y porter remède. H.

LEÇONS ÉLÉMENTAIRES

DE CHIMIE

A L'USAGE

DES ÉLÈVES DES ÉCOLES NORMALES D'INSTITUTRICES,
DES CLASSES SUPÉRIEURES DES PENSIONNATS DE DEMOISELLES
ET DES JEUNES PERSONNES QUI SE PRÉPARENT
AUX EXAMENS DU BREVET SUPÉRIEUR

PAR

C. HARAUCOURT

ANCIEN ÉLÈVE DE L'ÉCOLE DE CLUNY,
AGRÉGÉ DES SCIENCES PHYSIQUES APPLIQUÉES,
PROFESSEUR AU LYCÉE CORNEILLE DE ROUEN.

NOUVELLE ÉDITION

PARIS
LIBRAIRIE CLASSIQUE DE F.-E. ANDRÉ-GUÉDON
Successeur de Mme Ve Thiériot
15, RUE SÉGUIER, 15

LEÇONS
ÉLÉMENTAIRES DE CHIMIE

CHAPITRE PREMIER.

LES TROIS ÉTATS DES CORPS.

Les corps se présentent sous trois états très-différents; ils sont **solides, liquides** ou **gazeux**.

1. Solides. — Les corps solides ont une forme déterminée, qu'on ne peut modifier que par un effort ou un choc; ils présentent au toucher une résistance qui permet de les saisir et de les manier; tels sont le fer, le cuivre, le bois, la pierre, etc.

Ils n'offrent pas tous le même degré de résistance; on les brise en les frappant plus ou moins violemment avec des corps durs, et on peut les réduire en poudre par le frottement.

2. Liquides. — Les liquides prennent la forme des vases qui les contiennent; il suffit d'exercer sur eux la moindre action pour déplacer les parties qui les forment; ils ne peuvent être ni saisis ni pressés entre les doigts; ils coulent, ils s'échappent et se moulent dans la cavité qu'ils rencontrent : tels sont l'eau, le mercure, l'alcool, l'éther, etc.

Certains corps paraissent former la transition des solides aux liquides; exemples : le goudron, la mélasse et tous les sirops.

3. Gaz. — Les gaz ou les vapeurs occupent tout l'espace qu'on leur offre; leur volume peut varier beaucoup suivant qu'ils sont plus ou moins pressés ou que la même quantité de gaz ou de vapeur doit se tenir dans un espace différent.

Mettons deux parcelles égales d'iode l'une dans un petit ballon, l'autre dans un grand, et chauffons ces deux ballons : l'un comme l'autre se remplira *entièrement* de vapeur violette produite par l'iode chauffé. La vapeur a occupé immédiatement tout l'espace qui lui était offert.

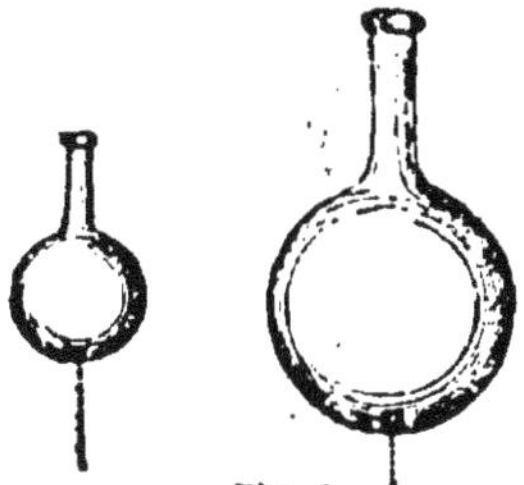

Fig. 1.

4. Moyen de constater la présence des gaz. — Les gaz n'ayant pas de forme et remplissant toujours tout l'espace qu'on leur offre n'accusent pas toujours leur présence d'une manière sensible.

1° S'ils sont *colorés*, leur couleur les rend visibles ; ainsi apparaît la vapeur d'iode avec sa belle couleur violette ; ainsi se montrent les vapeurs rousses produites par des copeaux de cuivre jetés dans l'acide azotique, que l'on appelle vulgairement eau-forte, ou encore, avec sa couleur verte, le chlore, que l'on a fait dégager dans un flacon vide.

Fig. 2.

2° Si les gaz sont *incolores*, il faut avoir recours à une autre propriété pour constater leur présence. Quand ils possèdent une *odeur* bonne ou mauvaise, ils se révèlent par là. Ainsi on est prévenu qu'une fuite de gaz d'éclairage parfaitement invisible s'est produite dans un appartement, quand on en sent l'odeur désagréable en y entrant. Allumons quelques allumettes soufrées, le gaz invisible du soufre brûlé nous fera tousser si nous le respirons.

Mettons dans une soucoupe, d'un côté du sel ammoniac en poudre, de l'autre de la chaux vive aussi en poudre ; nous ne voyons ni ne sentons aucun gaz. Si nous mélangeons les deux poudres, il ne se produit rien de visible non plus ; mais un gaz qui nous pique les yeux et provoque les larmes nous avertit de sa présence ; c'est le gaz ammoniaque, le même que l'on sent en ouvrant un flacon d'alcali.

Lorsque le gaz est *incolore* et *inodore*, comme l'air répandu tout autour de nous, on ne peut le mettre en évidence qu'en lui faisant tenir la place occupée auparavant par un liquide.

Nous voulons mettre hors de doute qu'une boule de caoutchouc que nous croyons vide contient de l'air : attachons-la à un tube recourbé dont l'autre extrémité se rend sous la portion ouverte d'une éprouvette pleine d'eau, et pressons la boule ; l'air, le gaz invisible monte dans l'éprouvette et fait baisser le liquide pour prendre et conserver sa place.

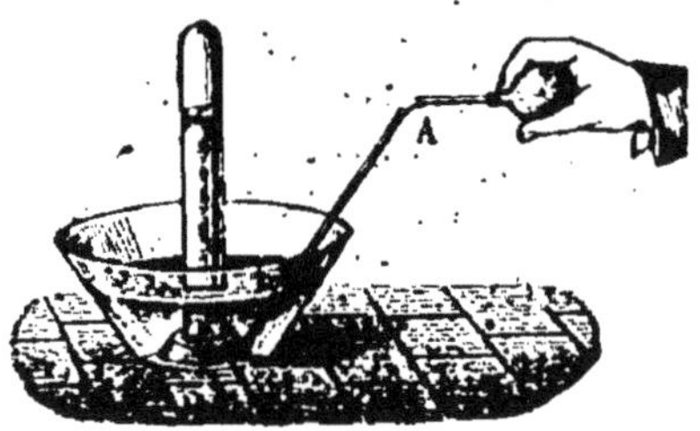

Fig. 3.

Nous chassons de nos poumons un gaz presque toujours invisible ; nous pouvons aussi le recueillir dans un verre plein d'eau renversé sur une terrine. En soufflant légèrement par l'extrémité d'un tube comme A, nous verrons des bulles de gaz monter dans l'eau de l'éprouvette et gagner le haut du vase en refoulant le liquide.

Certains liquides établissent pour ainsi dire la transition entre les liquides et les gaz; ce sont ceux qui comme l'éther passent à l'état de gaz très-rapidement quand ils sont libres. Si on en verse quelques gouttes sur une soucoupe, peu de temps après il n'en reste plus trace; mais l'odeur en est sensible dans la salle. Le liquide a donné un gaz qui révèle sa présence par son odeur.

5. Moyens de produire et de recueillir les gaz. — On produit généralement les gaz en faisant réagir deux corps solides, ou deux liquides, ou encore un solide et un liquide. Dans certains cas, il n'est pas nécessaire de chauffer, le dégagement du gaz a lieu à *froid;* dans d'autres, au contraire, il faut chauffer parfois peu, quelquefois beaucoup. On comprend que l'appareil à produire le gaz doit différer suivant qu'il faut recourir ou non à l'emploi de la chaleur.

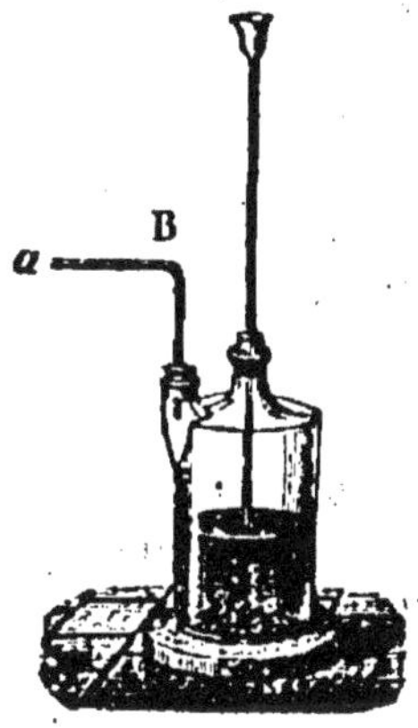

Fig. 4.

6. Appareils à produire les gaz : 1° *A froid*. — On emploie d'habitude un flacon à deux tubulures : dans le bouchon de l'une passe le tube qui livrera passage au gaz; le bouchon de l'autre porte un long tube à entonnoir qui sert à l'introduction des liquides et qu'on appelle *tube de sûreté*. Pour bien comprendre le rôle de ce tube, supposons l'appareil en marche, c'est-à-dire produisant du gaz, et fermons le tube B en *a;* le gaz continue à se produire; il s'accumule au-dessus du liquide, puisqu'il ne peut plus se dégager; il presse ce liquide plus qu'avant et le fait monter dans le tube à entonnoir. On juge ainsi de la pression croissante que le gaz exerce sur les parois de l'appareil. Cette pression ne peut jamais devenir très-grande : car, quand elle a fait baisser le liquide du flacon jusqu'à l'extrémité inférieure du tube de sûreté, le gaz s'échappe librement par ce tube. Si le dégagement vient à se ralentir ou à cesser, par défaut du liquide destiné à produire le gaz, on verse de ce liquide dans l'entonnoir du tube; il tombe au fond du flacon, il ranime la production du gaz, sans qu'on ait été obligé d'ouvrir l'appareil.

Fig. 5.

2° *A chaud.* — Quand on doit chauffer les substances dont on veut faire dégager un gaz, on emploie ou un ballon ou une cornue, le plus souvent de verre. On peut ne munir le bouchon que d'un seul tube; mais alors il faut constamment surveiller l'appareil et augmenter ou diminuer la source de chaleur suivant que le dégagement du gaz se ralentit ou s'accélère. On s'évite cette surveillance en employant un tube de sûreté. C'est dans ce cas un tube recourbé en S dans la courbure duquel on met un liquide. Si le dégagement s'accélère, le gaz pousse le liquide dans la grande branche du tube et peut même s'échapper. Si au contraire le dégagement cesse, que le refroidissement de l'appareil arrive, l'air fait monter le liquide dans la panse du tube en S et passe dans le ballon où il rétablit la pression, empêchant ainsi que l'eau de la cuve n'y arrive par le tube qui dégageait le gaz.

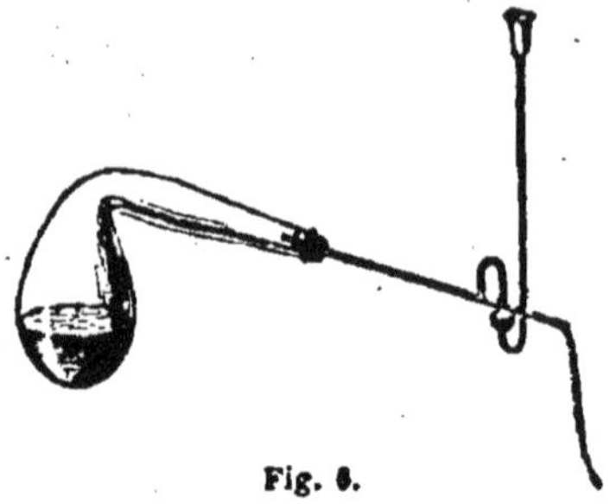

Fig. 6.

On constate ce double fait toutes les fois qu'on produit un gaz à chaud.

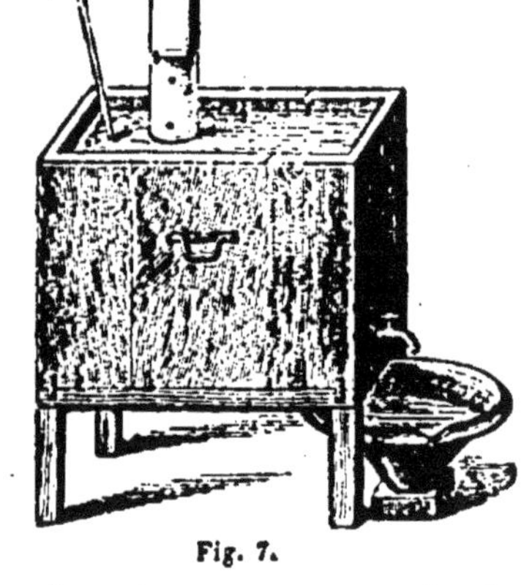

7. Appareils à recueillir les gaz. — On recueille les gaz en les forçant à déplacer un liquide, l'eau, le mercure, ou même l'air dont les flacons sont remplis quand on les dit vides.

Fig. 7.

1° *Par déplacement d'eau.* — On remplit d'eau le vase, éprouvette, flacon ou cloche, dans lequel on veut conserver le gaz; on le retourne, sans sortir du liquide son extrémité ouverte, il reste plein; on le place sur un support convenable, et on fait venir sous son ouverture le tube qui doit amener le gaz. Celui-ci, plus léger que l'eau, monte dans le flacon ou la cloche.

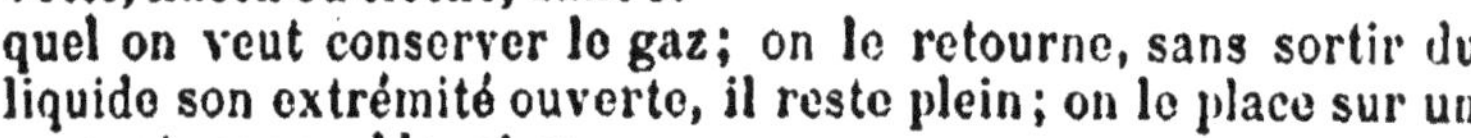

On peut aussi recueillir l'hydrogène et la plupart des gaz.

Fig. 8.

2° *Par déplacement de mercure.* — Si on essaie d'obtenir de cette manière le gaz ammoniaque, on n'en recueillera aucune bulle dans l'éprouvette ou dans la cloche; on verra même l'eau trembloter dans le tube abducteur comme si elle allait à la rencontre du gaz pour le saisir et le masquer de suite. C'est que ce gaz disparaît dans l'eau, il y est soluble. Pour l'obtenir, il faut remplacer l'eau par un liquide où le gaz ne se dissolve pas. C'est habituellement le mercure qu'on emploie.

3° *Par déplacement d'air.* — L'opération ne réussit bien que quand le gaz est beaucoup plus lourd ou beaucoup plus léger que l'air, ainsi pour le chlore et pour l'ammoniaque.

Quand le gaz est plus léger que l'air, comme ces vapeurs d'alcali que nous appelons ammoniaque, on renverse le flacon à recueillir le gaz et on fait dégager celui-ci près du fond du flacon, comme l'indique la figure 9. Le gaz chasse peu à peu l'air et remplit le flacon.

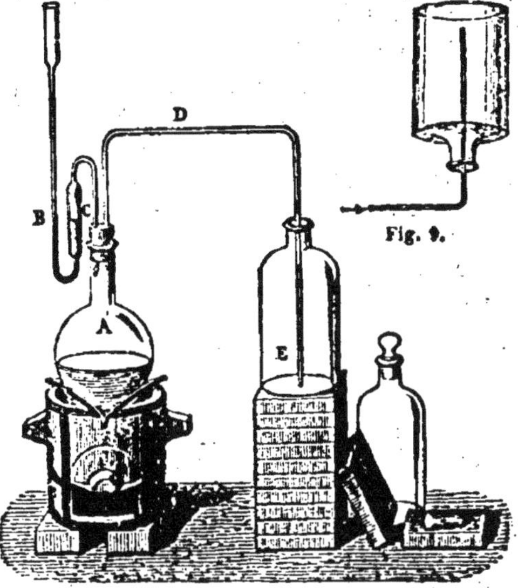

Fig. 9.

Fig. 10.

Quand le gaz est plus lourd que l'air, comme le chlore, on pose le flacon à remplir sur son fond et on fait venir le tube qui amène le gaz près du fond du flacon ; dans le cas d'un gaz coloré, on voit peu à peu le flacon se colorer de bas en haut et on juge qu'il est plein quand la teinte a atteint le goulot.

CHAPITRE II.

PASSAGE DES CORPS D'UN ÉTAT A UN AUTRE.

La même substance n'offre pas invariablement le même aspect; elle n'est pas toujours solide, ni toujours liquide ou gazeuse; elle peut, sans changer de nature, prendre successivement, suivant les circonstances, l'un quelconque des trois états. L'eau nous en offre un exemple frappant aussi bien dans la nature que dans nos laboratoires; nous la trouvons solide l'hiver, sous forme de glace; elle est liquide dans les mers de nos climats et l'atmosphère contient constamment de sa vapeur. Presque tous les corps peuvent, comme l'eau, passer d'un état à l'autre quand on les place dans des conditions convenables. Nous allons examiner les moyens de leur faire subir ces transformations; nous étudierons successivement :

Le passage d'un corps solide à l'état liquide,
— liquide à l'état de gaz,
Et le retour inverse d'un gaz à l'état liquide,
Et d'un liquide à l'état solide,

et nous nous convaincrons que la chaleur seule préside à ces changements dans l'aspect extérieur de la matière.

8. **Passage des corps solides à l'état liquide.** — On peut amener les corps solides à l'état liquide par deux opérations différentes :

1° Quand on les chauffe suffisamment; on dit qu'ils fondent, et ce changement d'état s'appelle **fusion**;

2° Quand on les agite dans un liquide convenablement choisi, où ils se résolvent en particules si fines qu'elles sont invisibles avec les meilleurs instruments grossissants; le liquide porte le nom de **dissolvant** et l'opération s'appelle **dissolution**.

9. **Exemples de fusion.** — Tout le monde sait qu'un morceau de glace se change en eau ou fond, comme on dit vulgairement quand on l'abandonne dans un milieu dont la température est plus élevée que la sienne et qu'il y peut prendre de la chaleur.

Si on chauffe du plomb dans une cuiller de fer, sur des charbons allumés, on obtient un liquide brillant, le plomb fondu, que l'on peut couler.

Les corps en poudre blanche, comme le sel fin de cuisine, que nous appelons en chimie des **sels**, peuvent aussi devenir liquides quand on les chauffe. On fait l'expérience en soumettant au feu de l'acétate de sodium dans une capsule de porcelaine; il donne un liquide limpide comme l'eau.

Fig. 11.

Tous les corps, même les plus tenaces, le verre, la fonte, le fer, l'argent, coulent comme de l'eau quand on les chauffe suffisamment; et si quelques-uns ont résisté jusqu'ici à la fusion, c'est qu'on n'a pas pu les soumettre à une source de chaleur assez puissante. Mais dans ce changement aucun corps n'a changé de nature; l'aspect extérieur seul a été modifié.

10. Dissolution. — Nous savons tous qu'un morceau de sucre disparaît rapidement dans un verre d'eau où il devient complétement invisible. L'esprit conçoit que le solide s'est divisé en particules qui font partie du liquide et qui sont inaccessibles au regard. L'eau n'a pas changé d'aspect; et il en est de même dans la dissolution des corps solides incolores, comme l'alun, le salpêtre, le sel de cuisine. Mais si le solide est coloré, l'eau se teinte de sa nuance. Ainsi, quand on agite dans un verre d'eau du sulfate de cuivre, appelé vulgairement vitriol bleu, on obtient un liquide d'un beau bleu, où le solide révèle sa présence, mais où ses particules sont aussi complétement invisibles que celles du sucre dans l'eau sucrée.

11. La chaleur favorise la dissolution.—Généralement, plus l'eau est chaude, mieux elle dissout les corps. On donne de ce fait une démonstration saisissante en opérant de la manière suivante. Dans un verre contenant à peu près 100 grammes d'eau, on agite, en les y versant peu à peu, environ 20 grammes de salpêtre; celui-ci se dissout complétement. Si on en ajoute une nouvelle portion, elle ne se dissout plus même par une longue agitation ; le solide tombe et reste en poudre au fond du verre. Le liquide en a pris tout ce qu'il pouvait prendre. On répète l'expérience dans un ballon où l'on chauffe l'eau; alors on peut ajouter jusqu'à 300 grammes de salpêtre, sans qu'il en reste la moindre parcelle à l'état solide. La même quantité d'eau peut donc dissoudre quand elle est chaude 15 fois plus de salpêtre que si elle reste froide. Mais, comme pour l'eau froide, il arrivera un moment où l'eau chaude refusera de dissoudre du sel; elle sera *saturée*. Un liquide est donc saturé d'une substance quand il en a pris tout ce qu'il peut tenir à la température où l'on opère.

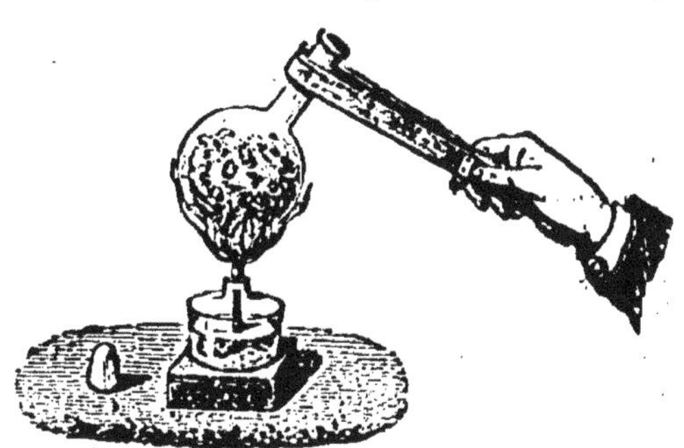

Fig. 12.

12. Corps insolubles. — Les corps qui n'abandonnent à l'eau aucune parcelle d'une manière permanente sont dits insolubles. S'ils sont colorés, ils peuvent néanmoins teinter l'eau dans laquelle on les agite, parce que des particules extrêmement fines restent quelque temps en suspension dans le liquide; on pourrait alors les croire un peu solubles; mais si on les abandonne à un repos prolongé, la poudre fine en suspension peut se déposer et l'eau redevient incolore. On met ce fait en évidence avec le bleu de Prusse; agité dans l'eau, il la teinte en bleu foncé, et ce liquide peut servir à colorer le papier; mais après un long repos la poudre bleue se rassemble au fond du vase, laissant l'eau incolore. Le bleu de Prusse est donc bien un corps insoluble dans l'eau.

Fig. 13.

L'eau dissout un grand nombre de corps; mais nous en rencontrerons d'autres que le bleu de Prusse qu'elle ne dissout pas. Il y a donc lieu d'employer d'autres liquides que l'eau comme dissolvants et de faire varier ceux-ci avec la nature du corps à dissoudre.

13. **L'alcool est un dissolvant.** — L'alcool dissout un certain nombre de corps sur lesquels l'eau est sans action : telle est la résine; au contraire, il ne dissout que fort peu d'autres corps, comme le sel et le sucre, que l'eau dissout très-bien. Parmi les solides que l'alcool dissout le mieux se trouve la fuchsine, produit vert tiré du goudron de houille. Agitons dans l'alcool une parcelle de ce corps, nous obtenons de suite un liquide rouge écarlate que nous pouvons étendre de beaucoup d'eau sans affaiblir sensiblement sa coloration.

On fait avec cette fuchsine une expérience très-jolie qui révèle la grande puissance de coloration de ce produit, et qui montre bien qu'un dissolvant s'empare rapidement des corps qu'il est capable de dissoudre. On verse sur une feuille de papier blanc une certaine quantité de cette poudre verte de fuchsine; on l'agite et on reverse la poudre dans son flacon. On secoue fortement la feuille de papier, et l'œil le plus exercé n'y découvrirait pas la moindre parcelle de poudre. Si alors on verse de l'alcool sur la feuille de papier, on voit immédiatement celle-ci se teinter vivement en rouge partout où la poudre a passé et où le dissolvant en a trouvé.

14. **Autres dissolvants.** — L'alcool seul ne dissout pas le coton-poudre; si on lui ajoute de l'éther, la dissolution a lieu, le liquide sirupeux qu'on obtient porte le nom de **collodion**; — il est quelquefois employé en médecine.

Les graisses, complétement insolubles dans l'eau, peuvent se dissoudre dans les huiles, dans l'éther, dans la benzine et dans l'ammoniaque. On utilise la propriété des deux derniers corps pour enlever les taches de graisse faites sur les étoffes; l'ammoniaque ou la benzine dissolvent la graisse et en débarrassent le tissu.

15. **La dissolution exige de la chaleur.** — Pour amener un corps solide à l'état liquide en le fondant, il faut le chauffer; son

changement d'état exige donc de la chaleur. Quand le corps solide devient liquide par l'action d'un dissolvant, il semble qu'il doive aussi exiger de la chaleur pour accomplir son changement d'état. On ne fournit pas de chaleur au solide ; il prend au dissolvant toute la chaleur dont il a besoin ; le dissolvant doit donc se refroidir. C'est en effet ce que l'on constate sur quelques dissolutions. Le sucre refroidit à peine l'eau dans laquelle il disparaît. Mais l'azotate d'ammonium refroidit assez l'eau dans laquelle il se dissout pour que ce mélange puisse être employé à produire de la glace.

Fig. 14.

16. Passage des corps liquides à l'état de gaz. — Tous les liquides passent à l'état de gaz, rapidement, dans toute leur masse, quand on les chauffe : c'est l'**ébullition**; ou lentement, par leur surface : c'est l'**évaporation**. On met cette dernière en évidence en abandonnant sur une soucoupe une petite quantité d'un liquide; il disparaît plus ou moins rapidement; l'éther disparaît presque de suite ; l'eau met plusieurs jours à s'évaporer. Mais dans l'un et l'autre cas ce changement d'état exige encore de la chaleur, aussi bien quand il s'accomplit lentement que quand il est rapide. Pour s'en convaincre, on verse sur le dos de sa main un peu d'éther ; on sent de suite une impression de froid : le liquide a emprunté de la chaleur à la main pour passer à l'état de vapeur.

17. Retour des gaz à l'état liquide. — Nous venons de constater qu'un solide peut devenir liquide et ce liquide gaz ou vapeur, par un accroissement de chaleur; nous allons effectuer le passage inverse, et nous pouvons préjuger qu'une diminution de chaleur, un refroidissement, va refaire d'une vapeur un liquide.

En effet, faisons bouillir de l'eau dans un ballon et forçons la vapeur à sortir par un long tube incliné que l'air refroidit; ce tube se couvre immédiatement de gouttelettes d'eau qui s'écoulent à son extrémité et qui proviennent du refroidissement, de la condensation de la vapeur. Il ne sort plus de vapeur

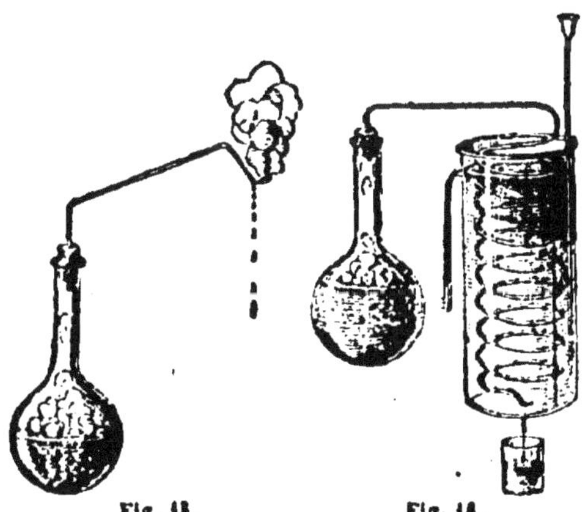

Fig. 15. Fig. 16.

du tube que celle qui n'a pas été refroidie; par conséquent, si le refroidissement est assez grand, *toute* la vapeur repassera à l'état liquide. On réalise cette condition en remplaçant le tube droit de l'exemple précédent par un tube contourné, dit **serpentin**, et plongé dans l'eau; l'appareil ainsi monté porte le nom d'**alambic**; il sert souvent dans les laboratoires et nous le retrouverons sous plusieurs formes, mais avec le même objet, dans la suite du cours.

18. Sublimation. — Quand on refroidit brusquement la vapeur d'un corps, elle passe directement à l'état solide sous forme d'une poudre très-fine, très-ténue : on dit que le corps a été *sublimé*. Si on chauffe de l'iode dans un ballon, l'état liquide est à peine apparent, l'iode remplit le ballon de vapeurs violettes; celles-ci se refroidissent sur les parois du ballon, s'y déposent en poudre très-fine, grise et brillante : l'iode a été sublimé.

Fig. 17.

La sublimation est facile à réaliser pour les corps solides qui passent à l'état de vapeur sans fondre, — tel est l'arsenic. On en chauffe dans un tube d'essai, et on voit apparaître au-dessus de la partie chauffée un anneau miroitant d'arsenic solide : ce sont les vapeurs refroidies qui se sont déposées là en poudre fine.

Fig. 18.

La sublimation est un moyen de purifier certains corps.

Veut-on séparer l'iode des corps étrangers qui l'accompagnent et qui ne passent pas comme lui facilement à l'état de vapeurs, on le chauffe légèrement dans un verre de montre que l'on couvre d'un second verre; on retrouve l'iode sublimé dans ce dernier.

La naphtaline, produit en écailles blanches que l'on tire du goudron, peut aussi être purifiée d'une manière analogue; on la chauffe dans un têt que l'on couvre d'un grand cône de carton : on la retrouve plus pure sur les parois de ce cône.

Nous apprendrons plus tard que le soufre en *fleur* est du soufre *sublimé* et non pas, comme on pourrait le croire, du soufre finement pulvérisé.

19. Passage des corps liquides à l'état solide. — Les liquides deviennent solides quand on les refroidit suffisamment. Nous citerons trois exemples de ce phénomène.

1° Le corps est ordinairement solide; il vient d'être fondu; il suffit de l'abandonner à l'air, de cesser de le chauffer, il se *solidifie* presque de suite : ainsi fait le plomb fondu que nous coulons sur une plaque de marbre ou de fonte ou dans un moule quelconque.

2° Le corps est ordinairement liquide, comme l'eau; il faut alors le refroidir plus ou moins pour l'amener à l'état solide. L'huile se fige et durcit dès les premiers jours d'hiver et, si le froid devient plus vif, l'eau se prend en glace.

Congélation de l'eau. — Nous pouvons réaliser en tout temps la congélation de l'eau dans nos laboratoires; servons-nous du mélange réfrigérant que nous avons cité (la dissolution de l'azotate d'ammonium), et plaçons-y un tube fermé par un bout contenant un peu d'eau; en quelques minutes, nous retirerons du tube un petit cylindre de glace.

3° Le corps est ordinairement solide, comme le sucre ou un sel, mais il est dissous dans un liquide. On chasse le liquide par l'évaporation; alors le solide privé de son dissolvant reste et se dépose.

Si le dissolvant a été chassé rapidement, les particules du solide n'ont pas le temps de se grouper, de se placer avec ordre et régularité; le corps se prend en une seule masse, sans forme particulière, souvent en un sirop épais ou une croûte blanche.

Si au contraire le départ du dissolvant a été lent, les plus fines particules du solide s'associent avec méthode, suivant les lois qui leur sont particulières; le corps solide se dépose en morceaux présentant une forme très-régulière; on dit alors qu'il est en **cristaux**, qu'il a cristallisé.

20. Cristallisation. — La cristallisation est donc le passage d'un corps à l'état solide quand il affecte une forme géométrique avec des faces planes et régulières et toujours la même dans les mêmes conditions. Ce phénomène a lieu dans les trois cas que nous venons d'examiner, toutes les fois que les particules du corps qui devient solide peuvent se grouper, et que ni l'agitation ni un refroidissement trop brusque ne viennent entraver ce travail de groupement.

Nous en trouverons çà et là des exemples frappants; nous n'allons examiner d'abord que la cristallisation d'un solide en dissolution.

21. Cristallisation par refroidissement. — Nous avons vu que l'eau dissout plus de sel quand elle est chaude. Faisons une dissolution de sulfate de sodium à chaud, nous aurons bientôt une solution saturée. Laissons-la refroidir, le liquide ne pourra plus tenir en dissolution une aussi grande quantité de sel; celui-ci se déposera, et nous obtiendrons de gros cristaux si le refroidissement est assez lent.

Prenons une dissolution concentrée de salpêtre, versons-la

dans un vase large que nous appelons *cristallisoir;* elle s'y refroidira et s'évaporera facilement et lentement; il se déposera alors au fond du vase de beaux cristaux à faces brillantes.

Fig. 19.

Si le refroidissement n'est pas conduit avec assez de lenteur, la cristallisation est trop rapide; les cristaux se soudent les uns aux autres en une seule masse où il n'est plus guère possible de bien distinguer leurs formes. Mais on peut toujours surprendre un solide dans son travail de cristallisation et empêcher ses cristaux de se souder trop fortement les uns aux autres. Pour cela, nous laissons refroidir dans une capsule une dissolution faite à chaud; la cristallisation commence autour du vase et sur la surface du liquide; quand nous la jugeons assez avancée, nous versons ce qui reste de liquide, et les cristaux déjà formés apparaissent alors dans la capsule, très-beaux et très-réguliers.

Fig. 20.

Quand on a dissous un solide à froid, la dissolution peut aussi cristalliser en perdant peu à peu son eau par évaporation. L'opération est lente; mais elle donne souvent de gros cristaux agglomérés. On fait cristalliser ainsi les dissolutions de sulfate de cuivre, et beaucoup d'autres.

22. Cristallisation par évaporation. — On aide l'évaporation par la chaleur; on concentre ainsi peu à peu la solution et, quand elle est suffisamment concentrée, le solide commence à se déposer.

A ce moment, si l'on veut de gros cristaux, on verse la solution dans un cristallisoir où le dépôt du solide s'effectue.

Si au contraire on préfère obtenir de très-petits cristaux, on continue à chauffer la solution, mais on l'agite constamment; le solide se dépose en poudre fine. L'industrie opère souvent ainsi : le sel fin de cuisine est produit par une évaporation rapide et agitée de l'eau salée; le gros sel, par une évaporation lente et calme.

23. La cristallisation est un moyen de purifier les corps. — Les cristaux se déposent au sein d'un liquide que l'on appelle **eau-mère** et qui contient généralement tous les corps étrangers qui accompagnaient dans la dissolution celui qui s'est déposé. Ces cristaux, surtout les gros, emprisonnent un peu de cette eau-mère; on ne peut les en débarrasser qu'en les dissolvant à nouveau dans l'eau pure et en les faisant recristalliser.

Remarque. — Dans tous ses changements d'état, le corps a modifié son aspect; mais il est resté lui-même; il n'a pas changé sa nature.

CHAPITRE III.

CORPS SIMPLES. — MÉTAUX. — MÉTALLOÏDES.

On appelle **corps simples** ceux dont on n'a pu jusqu'ici retirer qu'une seule substance; tels sont le fer, le mercure, le soufre, etc.

Les anciens admettaient quatre corps simples qu'ils appelaient les quatre éléments : **l'eau, l'air,** la **terre** et le **feu**. Nous démontrerons que tous quatre sont des corps composés.

On connaît aujourd'hui environ 64 corps simples, que l'on classe en deux catégories, les **métaux** et les **métalloïdes.**

24. Métaux. — Les métaux possèdent, quand ils sont polis ou fraîchement coupés, un éclat brillant que l'on nomme *éclat métallique;* ainsi l'or, l'argent, le fer, le cuivre se distinguent entre tous par l'éclat brillant qu'ils offrent quand ils ont été récemment polis.

Ils sont bons conducteurs de la chaleur; quand ils sont en barres, en tiges ou en fils et qu'on les chauffe à une de leurs extrémités en les tenant à la main par l'autre, on ne tarde pas à sentir qu'ils s'échauffent; la chaleur s'est rapidement propagée dans leur masse de l'extrémité chauffée directement à l'autre. Ils sont aussi bons conducteurs de l'électricité.

25. Métalloïdes. — Les métalloïdes sont dépourvus d'éclat; ils conduisent mal la chaleur et l'électricité; tels sont le soufre, le phosphore, le charbon, etc. Nous signalerons plus loin une autre différence entre ces deux espèces de corps.

26. Propriétés des métaux. — Les métaux sont tous solides, à l'exception du mercure qui est liquide à la température ordinaire et qu'il faut refroidir jusqu'à —40° pour l'amener à l'état solide.

27. Couleur. — Quelques-uns sont colorés : l'or est jaune; le cuivre est rouge; l'argent, d'un blanc jaunâtre; le fer, gris; le zinc, bleuâtre. On peut modifier ces apparences en modifiant leur épaisseur, ou leur aspect, ou encore la manière dont la lumière les frappe. Ainsi une feuille d'or très-fine est jaune par réflexion; si on la place contre une feuille de verre et qu'on regarde au travers, elle apparaît d'une belle couleur verte. L'or en poudre, obtenu, dans les laboratoires, d'un liquide qui le contenait avec d'autres corps, est d'un violet noir. L'argent en poudre est d'un gris sale. Mais si on frotte ces poudres sur un corps dur chaque métal reprend la couleur propre et le brillant qu'il a en masse compacte.

28. **Densité.** — Les métaux usuels et précieux sont beaucoup plus lourds que l'eau. L'or pèse 19 fois plus que l'eau sous le même volume; le mercure 13 fois 6 dixièmes, l'argent environ 10 fois, le cuivre près de 9 fois, et l'aluminium seulement 2 fois et demie.

29. **Fusibilité.** — Tous, à part un, très-peu employé, ont pu être fondus, amenés à l'état liquide. On peut faire fondre une feuille d'étain posée sur une feuille de papier au-dessus de charbons allumés, avant que le papier ne brûle; on fait facilement fondre du plomb, du zinc; mais ce n'est qu'à une température très-élevée qu'on fait fondre l'argent, le cuivre, le fer.

30. **Malléabilité, ductilité et ténacité des métaux.** — Un métal est d'autant plus malléable qu'on peut l'amener en lames plus minces; on le dit très-ductile quand il est possible de l'étirer en fils fins; il est tenace quand, réduit en fil, il peut soutenir sans se rompre un poids plus ou moins considérable.

Les plus malléables sont l'or, l'argent, le cuivre, l'étain, que l'on amène en feuilles minces, extrêmement minces pour les deux premiers.

Les plus ductiles sont l'or, l'argent, le platine, le fer, le cuivre, dont on fait des fils fins.

Le nickel et le fer comptent parmi les plus tenaces.

31. **Applications.** — Les applications dont les métaux sont susceptibles sont nombreuses; elles peuvent être prévues d'après l'étude des propriétés. Si nous voulons un métal très-tenace, nous prendrons le fer; car le nickel, plus tenace que le fer, est trop rare et trop cher. S'il nous faut un métal bon conducteur de l'électricité, nous choisirons le cuivre ou, à son défaut, le fer qui est moins cher. Pour couvrir les toits, nous préférerons le zinc au plomb, parce qu'il est plus léger et plus pur.

CHAPITRE IV.

CORPS COMPOSÉS. — CONSTITUTION DES CORPS.

Nous appelons corps **composés** ceux dont il est possible de retirer deux ou plusieurs substances distinctes, dont la somme des poids représente toujours exactement le poids de la substance primitive.

32. Preuve qu'il existe des corps composés. — On met en évidence l'existence de ces corps par une expérience simple. On introduit dans un tube d'essai une poudre rouge que l'on appelait autrefois **rouille de mercure,** parce qu'elle se produit quand on chauffe longtemps le mercure à l'air. Si on présente à l'entrée du tube une allumette qui n'a plus qu'un point en ignition, elle ne se rallume pas. On chauffe la poudre rouge, et on voit bientôt se former, au-dessus de la partie chauffée, un anneau miroitant de gouttelettes de mercure. Si alors on présente à l'entrée du tube une allumette ne présentant qu'un point en ignition, elle se rallume vivement. Il y avait donc deux corps dans la poudre rouge : le mercure qui s'est déposé sur le tube et le gaz capable de rallumer une allumette et qui s'est dégagé. La poudre était un corps composé.

Fig. 21.

33. Constitution des corps. — Atomes. — Cohésion. — Nous admettons que les corps matériels sont composés de petites parties, posées à de très-petites distances les unes des autres, laissant entre elles de petits intervalles que nous appelons pores et qui nous expliquent certaines propriétés de la matière, comme la compressibilité. Ces petites parties indivisibles dont les corps sont formés ont reçu le nom d'**atomes.** On les suppose retenues les unes aux autres par une force que l'on appelle la **cohésion.**

La cohésion est faible dans les liquides, puisqu'il est facile de séparer leurs différentes parties; mais elle est plus ou moins forte dans les solides; on juge de sa grandeur par l'effort qu'il faut faire pour rompre un corps solide ou le réduire en poussière.

Elle existe aussi bien dans les corps composés que dans les corps simples. Si nous pulvérisons un corps composé, la rouille de mercure par exemple, chaque grain de poussière, si fin qu'il soit, aura la composition du corps tout entier et on en pourra retirer deux corps, le mercure et un gaz, comme de la masse entière. Chacune de ces petites parties, semblable aux autres, leur est réunie encore par la cohésion qui les soude pour former le solide; dans chacune, il y a un atome des deux corps simples qui forment le composé; on les désigne sous le nom de *molécules.*

La cohésion est donc la force qui tient réunis les atomes semblables dans les corps simples, et les molécules, identiques les unes aux autres, dans les corps composés.

34. Mélange. — Les corps simples et les corps composés, réduits d'abord en poudre, peuvent être mêlés, triturés ensemble, en toutes proportions; ainsi nous pouvons broyer ensemble de la fleur de soufre et de la limaille de fer et former une poudre qui n'aura plus l'apparence extérieure ni du fer ni du soufre, et dans laquelle l'œil ne pourra plus distinguer les fragments de ces deux corps. Mais chacun des deux corps est resté lui-même, il n'a pas changé de nature, et la preuve c'est qu'il est possible de le retirer du mélange et de le retrouver tel qu'il était avant d'y entrer. Sur le mélange de soufre et de fer, promenons un aimant : les petites parcelles de fer viennent s'y fixer et laissent la fleur de soufre, et avec un peu de patience nous pourrons séparer les deux corps.

Fig. 22.

Triturons de la limaille de cuivre rouge avec de la fleur de soufre, chacun des deux corps paraît perdre sa couleur. Agitons le mélange avec un dissolvant convenable, nous enlèverons le soufre qui se retrouvera avec toutes ses propriétés et laissera le cuivre avec celles qui lui sont particulières. Ainsi donc, dans le mélange, les corps conservent leurs propriétés, restent eux-mêmes et s'associent en toutes proportions.

35. Combinaison. — Jetons de l'eau chaude sur le premier mélange (soufre et fer) ; la masse se boursoufle et noircit peu à peu. La masse noire formée n'a plus rien de l'apparence des deux corps; un aimant n'en retire plus la moindre parcelle de fer. S'il y avait trop de soufre, il en reste; c'est une partie **déterminée** de chaque corps, et toujours la même, qui disparaît avec la même quantité de l'autre corps.

Chauffons le second mélange (soufre et cuivre); le soufre fond, brûle en partie; le cuivre rougit. Si alors on cesse de chauffer, le cuivre n'en reste pas moins incandescent tout le temps qu'il y a du soufre; les deux corps disparaissent et forment une poudre noire; et le dissolvant qui enlevait tout le soufre au mélange n'en peut plus enlever la moindre parcelle à la poudre noire.

Dans chacun de ces deux cas, les deux corps ont disparu pour en former un troisième qui ne leur ressemble ni à l'un ni à l'autre; ils ont perdu leurs propriétés; on ne peut plus les retrouver sous la forme qu'ils avaient dans le mélange : il y a eu **combinaison.**

La combinaison est donc l'union, dans des proportions déterminées et toujours les mêmes, de deux ou plusieurs corps qui en forment un autre différant de chacun d'eux, et où les composants ont perdu leurs propriétés et ne peuvent plus être très-facilement retrouvés avec leur premier aspect.

36. Affinité. — Il faut une puissance, une force pour lier ainsi un corps à un autre dans une combinaison; c'est cette puissance, cette force, qu'on appelle l'**affinité**. C'est l'attraction qui réunit deux corps dissemblables pour en former un corps composé.

On emploie aussi ce mot pour désigner la propriété qu'ont certains corps de s'unir à quelques autres et non à tous. Ainsi, dans les deux exemples de combinaisons que nous avons pris, nous disons que le soufre a une grande affinité pour le fer en présence de l'eau tiède et pour le cuivre en présence de la chaleur, puisqu'il donne avec chacun d'eux un composé.

Nous désignons en chimie les composés par des noms qui rappellent leur composition. Ainsi nous avons combiné un métalloïde, le soufre (**sulfure**) avec un métal : le composé portera le nom du métal précédé de celui du métalloïde, ce dernier étant terminé en **ure**; les deux corps formés seront donc appelés **sulfure de fer** et **sulfure de cuivre.**

Nous ne savons rien de la nature de l'affinité; nous étudions seulement les circonstances dans lesquelles elle se produit et qui nous donnent une idée de sa puissance.

37. L'affinité ne s'exerce qu'au contact. — Pour qu'une combinaison ait lieu entre deux corps, il ne suffit pas qu'ils soient très-près l'un de l'autre; mais il faut qu'ils se pénètrent, qu'il y ait contact entre leurs atomes. Nous allons mettre ce fait en évidence pour les trois états des corps.

Fig. 23.

Premier exemple : combinaison de deux solides. — Sur une soucoupe, nous plaçons, l'une à côté de l'autre, deux poudres, de la chaux et du chlorure d'ammonium; tant que les deux poudres sont séparées, rien ne se produit. Sitôt qu'on mélange les deux corps, on sent une forte odeur de vapeur d'alcali; la combinaison a eu lieu sitôt le contact opéré, et le gaz produit se dégage.

Deuxième exemple : combinaison de deux liquides. — Dans un verre à pied, nous plaçons de l'eau de baryte; si nous en approchons une baguette trempée dans l'acide sulfurique, rien ne se produira, si près que la baguette puisse être du liquide; mais sitôt que cette baguette touche le liquide, il apparaît une traînée blanche qui gagne le fond du verre; c'est une poussière très-fine, résultat de la combinaison, et que l'on appelle un **précipité**, à cause de sa chute au fond du vase.

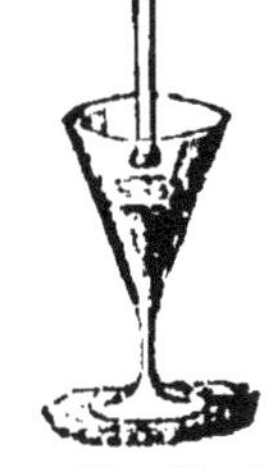
Fig. 24.

Troisième exemple : combinaison de deux gaz. — On met dans deux ballons semblables de l'alcali dans l'un, de l'acide chlorhydrique dans l'autre. Ces deux liquides donnent des vapeurs à peine visibles quand les ballons sont éloignés l'un de l'autre. Mais si on approche les deux ballons, aussitôt que les vapeurs peuvent se rencontrer, se mêler, elles forment un nuage blanc très-apparent, qui est le résultat de leur combinaison. On comprend que c'est à l'état de gaz que les corps se combinent le plus facilement, parce que leur contact est le plus facile et le plus parfait.

Fig. 25.

38. **La combinaison dégage ordinairement de la chaleur.** — Nous en avons eu un exemple dans la combinaison du soufre et du cuivre, puisque ce dernier est resté incandescent tant que la combinaison a duré.

39. **Circonstances qui modifient l'affinité.** — La chaleur détermine dans beaucoup de cas la combinaison des corps; mais elle peut aussi la détruire, témoin l'expérience qui nous a servi à mettre en évidence l'existence des corps composés et où la chaleur a rompu l'affinité qui liait le gaz oxygène au mercure.

Nous verrons dans la suite du cours de nombreux exemples de ce double fait. Nous y apprendrons aussi que l'électricité et la lumière jouent un rôle analogue à celui de la chaleur.

40. **Synthèse. — Analyse.** — Quand on place deux corps simples dans les conditions où l'affinité peut les réunir et en former un corps composé, on réalise une **synthèse.**

Quand au contraire on détruit l'affinité qui réunit les corps simples dans le composé et qu'on les sépare, on fait une **analyse.**

41. **Définition de la chimie.** — La chimie a pour but l'étude des corps simples et des combinaisons qu'ils donnent entre eux. Elle étudie chaque corps simple, d'abord sous son aspect extérieur, son état, sa couleur son odeur, sa densité, en un mot ses propriétés *physiques;* puis elle fait connaître la manière dont ce corps se combine avec les autres ou ses propriétés dites *chimiques;* en un mot, elle étudie les actions mutuelles des corps, simples ou composés.

CHAPITRE V.

OXYGÈNE O=8.

42. Propriétés physiques. — L'oxygène est un gaz san odeur, sans couleur et sans saveur. Il est un peu plus lourd que l'air; sa densité est 1,1056; et comme le litre d'air pèse $1^{gr},293$ (à 0° et sous la pression 760) le poids du litre d'oxygène est :

$$1,293 \times 1,1056 = 1^{gr},43.$$

Il est très-peu soluble dans l'eau; il faut 21 litres d'eau pour dissoudre 1 litre d'oxygène. On peut facilement le conserver longtemps sur l'eau, en grande quantité dans un gazomètre, en petite quantité dans une cloche ou un flacon dont l'ouverture plonge dans un vase plein d'eau (fig. 26).

Fig. 26.

Il a été considéré longtemps comme un gaz permanent, mais on peut aujourd'hui l'amener à l'état liquide.

43. Propriétés chimiques. — L'oxygène rallume les corps qui n'ont plus qu'un point en ignition, et il fait brûler avec un vif éclat ceux qui brûlent déjà.

Fig. 27.

La première propriété sert à reconnaître le gaz. On plonge dans une éprouvette d'oxygène une allumette que l'on vient d'éteindre, mais qui a encore un point rouge; elle se rallume aussitôt et brûle avec vivacité.

On peut faire brûler dans l'oxygène un grand nombre de corps.

Première expérience. — Dans un flacon à large ouverture rempli d'oxygène et dont le fond est couvert de quelques centimètres d'eau, on descend un charbon allumé, suspendu à un fil de fer planté dans un large bouchon. Le charbon brûle avec éclat dans le gaz en produisant une vive lumière. Quand il s'éteint, il a beaucoup diminué de grosseur; une partie a disparu, l'oxygène aussi; les deux corps ont formé une combinaison que l'on retrouve dans le flacon sous la forme d'un gaz invisible dont une partie se dissout dans l'eau du flacon.

Deuxième expérience. — On remplace le charbon par un morceau de soufre porté sur un petit godet et allumé. Aussitôt qu'il est dans l'oxygène, le soufre brûle avec une belle flamme bleue; il disparaît avec l'oxygène; les deux corps en se combinant donnent un gaz incolore que l'on retrouvera en partie dans l'eau du flacon.

Fig. 28. Fig. 29.

Troisième expérience. — On remplace le soufre par un morceau de phosphore; celui-ci brûle avec une flamme si vive que l'œil a peine à en supporter l'éclat. La combinaison du phosphore et de l'oxygène apparaît sous forme de vapeurs blanches qui disparaissent peu à peu dans l'eau du flacon.

Quatrième expérience. — On fond du sodium dans un godet et on le descend dans un flacon d'oxygène; il y brûle avec énergie. Sa combinaison avec le gaz est une poudre blanche qui se dissout dans l'eau.

Cinquième expérience. — On suspend à un bouchon une spirale de fil de fer fin; on attache à l'extrémité un morceau d'amadou qu'on allume et on plonge le tout dans un flacon d'oxygène. Le fer s'allume, projette des étincelles brillantes; il se forme à l'extrémité du fil des globules qui tombent et vont s'incruster dans le flacon, après avoir traversé la couche d'eau dont il est couvert : — c'est le produit de la combinaison du fer et de l'oxygène; il est insoluble.

Fig. 30.

11. Étude des produits formés. — On a brûlé dans l'oxygène des métalloïdes dans les trois premiers flacons et des métaux dans les deux derniers. — Si on jette dans les trois premiers de la teinture de tournesol, elle devient *rouge*, absolument comme si on la jetait dans du vinaigre ou dans un autre *acide*. Les combinaisons de l'**oxygène** avec les **métalloïdes** sont donc des **acides**; elles rougissent la teinture de tournesol.

Si on jette dans le quatrième flacon de la teinture de tournesol déjà rougie par un acide, elle redevient *bleue*, comme elle le redeviendrait dans un alcali, une base, un oxyde.

Elle ne change pas dans le cinquième, parce que le produit formé ne s'est pas dissous dans l'eau. Les combinaisons de l'*oxygène avec les métaux sont donc des* **oxydes**, appelés encore **bases**, qui ramènent au bleu la teinture rougie de tournesol.

45. **Noms des oxydes.** — Pour désigner les oxydes par des noms qui rappellent leur composition, on fait suivre le mot oxyde du nom du métal qui s'est combiné à l'oxygène. Ainsi :

Le sodium et l'oxygène } forment l'oxyde de sodium, appelé ordinairement soude;

Le fer et l'oxygène } forment l'oxyde de fer;

et la rouille de mercure que nous avons déjà employée est de l'oxyde de mercure.

46. **Noms des acides.** — Pour désigner les acides par des noms qui rappellent la manière dont ils sont formés, on fait suivre le mot acide du nom du métalloïde qui s'est combiné à l'oxygène, et on termine ce nom par **ique** ou par **eux** :

Par **ique**, quand l'acide est le seul possible ou celui qui contient le plus d'oxygène.

Par **eux**, quand le métalloïde peut donner un autre acide contenant plus d'oxygène;

C'est ainsi qu'on désigne les acides formés dans les expériences précédentes :

Carbone, Oxygène } Acide carbon*ique*. Phosphore, Oxygène } Acide phosphor*ique*.

Soufre, Oxygène } Acide sulf*ureux*.

47. **Différence chimique entre les métalloïdes et les métaux.** — On tire des remarques qui précèdent une différence très-caractéristique entre les métalloïdes et les métaux. Les premiers donnent, avec l'oxygène, des acides, et les seconds des oxydes.

48. **Combustion.** — Les expériences précédentes montrent d'une manière évidente que les corps qui *brûlent* dans l'oxygène se combinent avec ce gaz. Aussi Lavoisier a défini la combustion la combinaison d'un corps avec l'oxygène.

Elle est dite **combustion vive** quand elle a lieu avec dégagement de chaleur et de lumière, comme dans les exemples ci-dessus.

Elle est dite **combustion lente** quand elle a lieu sans dégagement de lumière et que la production de chaleur n'est que peu ou point apparente. Un morceau de fer, exposé à l'air, se ternit, et peu à peu il se couvre de *rouille;* cette rouille est un oxyde de fer. Le métal s'est donc combiné à l'oxygène; seulement cette oxydation s'est faite lentement, et la chaleur qu'elle a produite n'a pas été sensible, parce qu'elle s'est dissipée peu à peu; mais le résultat final est le même.

Lavoisier appelait **combustibles** les corps comme le charbon, qui sont capables de se combiner à l'oxygène, et il appelait ce dernier corps **comburant.**

Les progrès de la chimie ont montré que des corps peuvent brûler sans qu'il y ait d'oxygène employé, et néanmoins produire de la chaleur et de la lumière; on a étendu alors le sens du mot combustion et on le donne aujourd'hui à toute combinaison. L'oxygène n'est plus le seul comburant, et les **combustibles** sont les corps qui jouent dans une combinaison le même rôle que le charbon quand il brûle dans l'oxygène.

49. Action de l'oxygène dans la respiration. — L'oxygène est absolument nécessaire à l'entretien de la vie des animaux, qui meurent promptement quand ils en sont privés. Il est introduit dans le corps par l'acte de la respiration; il change le sang noir en sang rouge; il produit la combustion lente, qui est la source de la chaleur du corps des animaux. On peut montrer son action sur le sang en agitant du sang noir dans une éprouvette pleine d'oxygène; le sang redevient vite d'une belle couleur rouge.

50. Préparation de l'oxygène. — On tire l'oxygène des oxydes qui peuvent le donner facilement. On peut employer dans ce but l'**oxyde de mercure**, le chauffer dans un petit matras muni d'un tube et recueillir le gaz sur la cuve à eau. Mais cet oxyde est trop cher pour donner à bon marché beaucoup d'oxygène.

Fig. 31.

On emploie le **bioxyde de manganèse**, produit naturel d'un prix assez faible, que l'on chauffe fortement dans une cornue de terre pour lui faire dégager le gaz.

Dans les laboratoires, on préfère employer, pour avoir beaucoup d'oxygène en peu de temps, un composé appelé **chlorate de potasse**, que nous étudierons plus tard. On le place dans une petite cornue après l'avoir mélangé d'un peu d'oxyde de manganèse; on munit la cornue d'un tube et on chauffe. Le gaz se

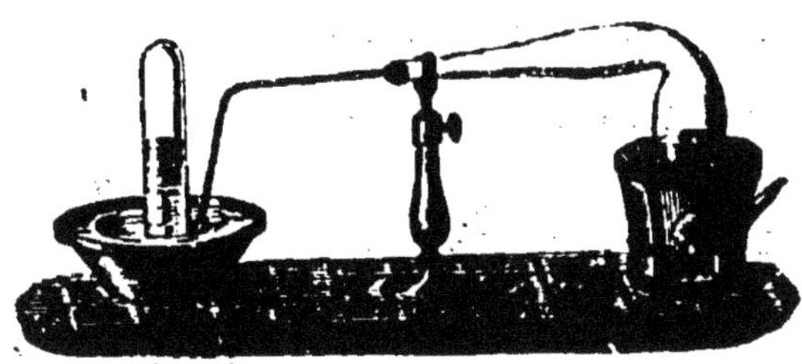

Fig. 32.

dégage rapidement. On obtient environ 12 litres de gaz avec 40 grammes du composé.

81. **Usages de l'oxygène.** — L'oxygène est employé, comme nous le verrons au chapitre suivant, pour produire des températures élevées. Nous avons dit qu'il est l'agent essentiel de la respiration des animaux. On activerait puissamment les combustions si on insufflait dans les foyers de l'oxygène en place d'air; mais, pour pouvoir l'employer à cet usage, il faut qu'on trouve le moyen de le produire à un prix extrêmement faible, et les procédés que nous venons d'indiquer ne réalisent pas cette condition.

Historique. -L'oxygène a été découvert en 1774 par Priestley, savant chimiste anglais, qui l'obtint en concentrant la lumière du soleil, par une lentille, sur de l'oxyde de mercure. Mais c'est Lavoisier, célèbre chimiste français du siècle dernier, qui a le premier indiqué ses propriétés remarquables et son rôle dans la combustion et la respiration.

CHAPITRE VI.

HYDROGÈNE H=1.

82. **Propriétés physiques.** — L'hydrogène est un gaz incolore, sans odeur ni saveur quand il est pur. C'est le plus léger de tous les corps; il pèse 14,45 fois moins que l'air; sa densité est 0,0692; le poids du litre $0,0692 \times 1,293 = 0^{gr},0895$.

(Il est très-important de connaître ces deux nombres, la densité et le poids du litre d'hydrogène; on s'en sert pour trouver la densité et le poids du litre des autres gaz, simples ou composés.)

53. Preuves de la légèreté de l'hydrogène. — Si on soulève verticalement une éprouvette pleine d'hydrogène, elle reste longtemps pleine de ce gaz si son extrémité ouverte est en bas; si on la retourne, le gaz s'échappe immédiatement. Quand on la retourne au-dessous d'une éprouvette vide, l'hydrogène monte dans celle-ci et l'air tombe dans l'autre.

On remplit d'hydrogène une vessie dont l'ouverture est munie d'un tube. On fait des bulles de savon avec le gaz en pressant sur la vessie; ces bulles s'élèvent dans l'air, attestant ainsi la grande légèreté du gaz qui les remplit (fig. 34.)

Fig. 33.

L'hydrogène est très peu soluble dans l'eau. On a réussi à le liquéfier comme l'oxygène.

54. Diffusion de l'hydrogène. — Ce gaz traverse facilement certains corps que nous ne considérons pas comme essentiellement poreux; il quitte les enveloppes qui le contiennent; on dit qu'il est très-facilement **diffusible.** Pour vérifier cette propriété, on remplit d'hydrogène, sur la cuve à mercure, un tube de verre dont l'extrémité supérieure est bouchée avec un tampon de graphite; ce tampon laisse sortir le gaz, car on voit le mercure monter peu à peu dans le tube. On peut faire une expérience plus simple; on ouvre un bec de gaz d'éclairage; on couvre l'orifice avec une feuille de papier et, si on présente une allumette au-dessus de la feuille, le gaz s'enflamme : il a traversé la paroi qui paraissait s'opposer à son passage.

Fig. 34.

Fig. 35.

55. Conductibilité. — L'hydrogène est le seul gaz qui conduise l'électricité et la chaleur. On montre qu'il refroidit les corps chauds avec lesquels il est en contact en faisant rougir un fil de platine tendu dans un tube d'air; la même source de chaleur ne peut plus rougir le fil quand le tube est plein d'hydrogène.

Fig. 36.

56. Propriétés chimiques. — L'hydrogène est combustible; il brûle en se combinant à l'oxygène; on le démontre en allumant une éprouvette de ce gaz ou un jet qui sort par un tube effilé; la flamme est petite et peu éclairante.

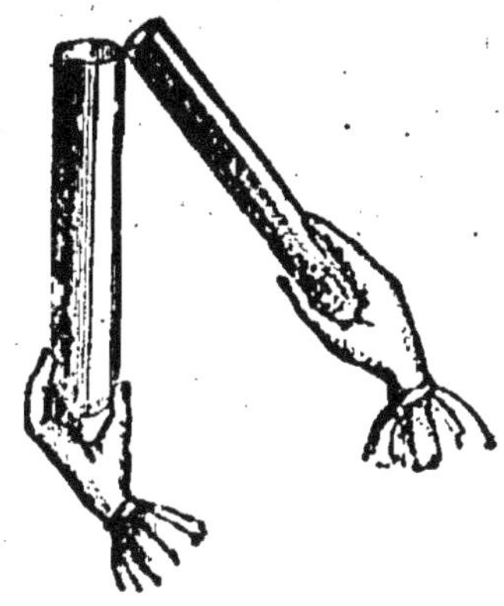
Fig. 37.

L'hydrogène prend l'oxygène, voilà sa propriété caractéristique; il le prend *libre*, *mélangé* et même *combiné*.

37. Combinaison de l'H avec l'O libre. — On remplit une éprouvette, partie d'hydrogène, partie d'oxygène; on met le feu au mélange, il s'enflamme avec détonation.

Cette détonation devient très-forte quand le mélange contient 2 volumes d'hydrogène et 1 volume d'oxygène. Si on allumait un demi-litre de ce mélange, l'explosion serait si forte que le vase serait pulvérisé. Quand on l'opère dans une éprouvette à gaz, pour se mettre à l'abri du danger, on entoure le vase d'un linge mouillé.

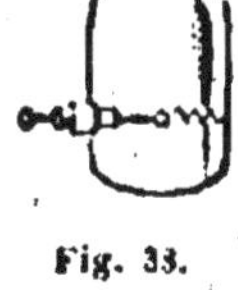
Fig. 38.

On montre la puissance d'explosion du mélange d'hydrogène et d'oxygène, sans s'exposer à aucun danger, en remplissant des deux gaz une vessie munie d'un tube avec laquelle on produit des bulles dans de l'eau de savon contenue au fond d'un mortier de fonte. On enflamme les bulles et il se produit une détonation très-forte.

On peut mettre le feu au mélange des deux gaz, dans un vase fermé, en se servant de l'étincelle électrique. On remplit du mélange une petite bouteille de fer-blanc appelée **pistolet de Volta**; on la ferme avec un bouchon de liége; puis, la tenant à la main, on y fait produire une étincelle électrique; le bouchon est alors violemment projeté.

Un mélange de 1 partie d'hydrogène avec 2 $^1/_2$ parties d'air produit aussi une vive explosion; il faut s'en souvenir et ne jamais enflammer un tel mélange sans précautions.

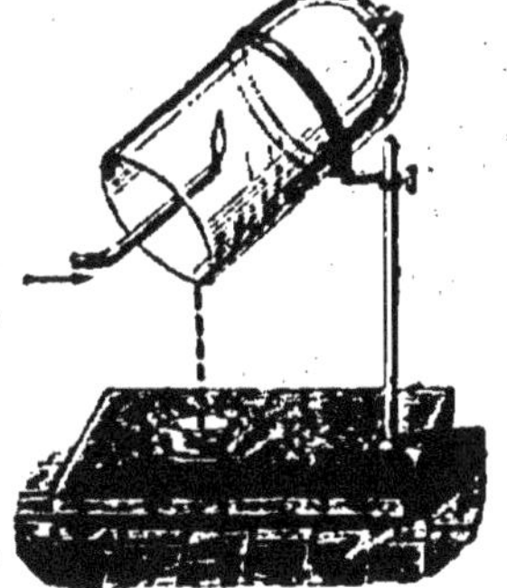
Fig. 39.

38. Combinaison de l'H avec l'O mélangé. — L'oxygène existe dans l'air où il est mélangé à l'azote. Si on allume dans l'air un jet d'hydrogène bien sec, le gaz brûle et se combine avec l'oxygène de l'air; le produit de la combinaison est de l'eau que l'on met en évidence en plaçant au-dessus du jet d'hydrogène une cloche bien sèche. Les parois de la cloche se couvrent de buée; des gouttelettes d'eau se rassemblent, on les recueille dans un vase. Il faut attendre, pour enflammer le jet de gaz, que l'appareil soit plein d'hydrogène, que tout l'air ait été expulsé; sans cette précaution, on s'exposerait à enflammer un mélange d'air et d'hydrogène qui produirait une explosion capable de briser le vase et d'en projeter les morceaux.

80. Combinaison de l'H avec l'O déjà combiné. — L'oxygène existe à l'état de combinaison dans les oxydes, et certains de ces corps peuvent céder assez facilement le gaz oxygène qu'ils contiennent; tel est l'**oxyde de cuivre**, poudre noire que l'on peut obtenir en chauffant à l'air du cuivre divisé.

Fig. 40.

L'hydrogène lui enlève l'oxygène pour former de l'eau. Pou réaliser l'expérience, on fait passer un courant de gaz hydrogène dans un tube contenant de l'oxyde de cuivre; on chauffe légèrement le tube (quand tout l'appareil est plein d'hydrogène); on voit sortir du tube un nuage de vapeurs qui se condensent en gouttelettes d'eau et il reste dans le tube une poudre rouge de cuivre divisé. La chaleur a détruit l'affinité du cuivre et de l'oxygène, en présence de l'hydrogène qui a pris l'oxygène pour se combiner avec lui et former de l'eau.

On peut formuler cette réaction de la manière suivante :

AVANT L'EXPÉRIENCE.

Oxyde de cuivre + hydrogène.

APRÈS L'EXPÉRIENCE.

Eau + cuivre.

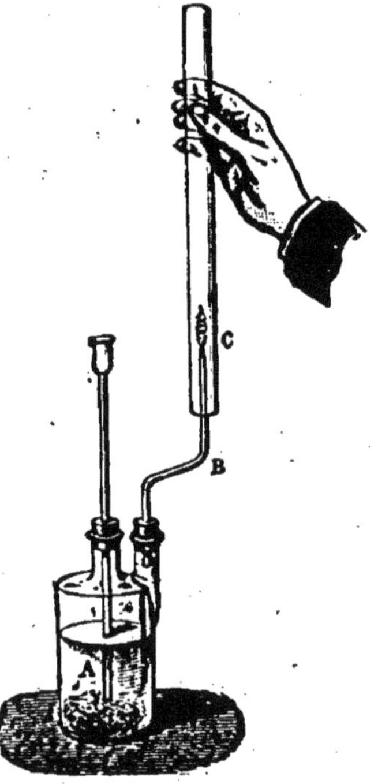

Fig. 41.

Et si on représente les corps par leurs premières lettres, on écrit dans le langage chimique simple et clair :

$$\text{Avant, } CuO + H. \qquad \text{Après, } HO + Cu$$

On remarque que l'*hydrogène a changé de place avec le métal.*

Comme il a mis le cuivre en liberté, on dit qu'il a **réduit** l'oxyde de cuivre ; c'est un puissant **réducteur.**

60. Flamme de l'hydrogène. — Harmonica. — Quand on descend un tube de verre, ouvert aux deux extrémités, au-dessus de la flamme de l'hydrogène, on entend un son plus ou moins agréable produit par la flamme. On pense que ce son est produit par une série de petites détonations qui communiquent à l'air du tube leur mouvement vibratoire. L'appareil porte le nom d'harmonica chimique (fig. 41). On peut faire produire à la même flamme plusieurs sons en employant des tubes de différentes longueurs.

61. Chalumeau. — La flamme de l'hydrogène est très-chaude, comme on peut s'en convaincre en y plaçant un fil de fer qui y rougit presque immédiatement. Elle le devient beaucoup plus quand on y insuffle de l'oxygène ; on peut montrer ce fait en insufflant dans une flamme d'hydrogène de l'oxygène contenu dans une vessie que l'on presse plus ou moins pour régler le courant de gaz ; on peut alors fondre facilement un fil de fer assez gros.

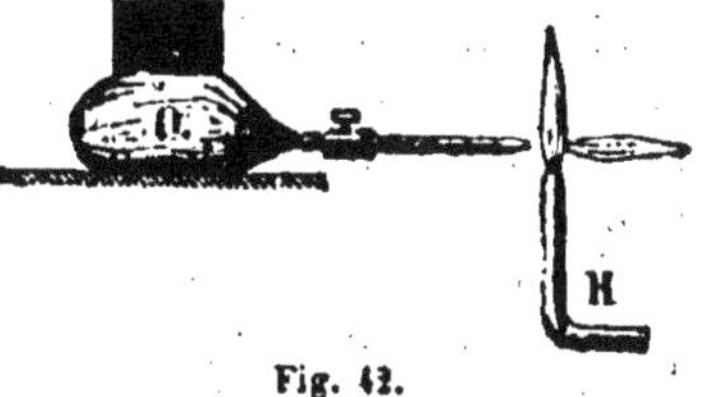

Fig. 42.

On ne peut songer à mélanger les deux gaz dans un appareil d'où ils s'écouleraient ensuite pour être brûlés ; on s'exposerait aux accidents que produisent les fortes explosions. On fait venir les gaz dans deux tubes concentriques qui constituent **un chalumeau** oxhydrique, et ils ne se mélangent qu'à leur sortie de l'appareil et ne produisent pas d'explosion. On obtient par ce moyen la plus haute température connue, surtout quand on fait rendre la flamme dans un petit creuset de chaux ; c'est ainsi que MM. Deville et Debray ont pu fondre le platine.

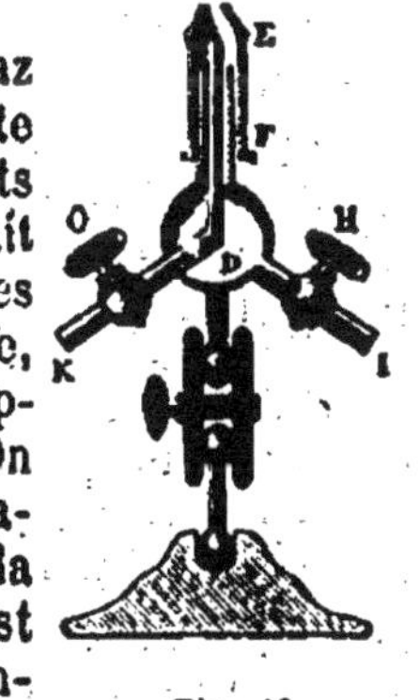

Fig. 43.

62. Moyen de rendre la flamme éclairante. — La flamme de l'hydrogène est très-pâle, à peine visible quand le gaz est bien pur ; on peut la rendre éclairante en y suspendant une spirale de fil de platine qui devient incandescent et qui ajoute à l'éclat de la flamme.

On peut aussi faire passer le gaz dans de la benzine ou sur du coton imbibé de ce liquide; la flamme devient alors bien plus grande et bien plus lumineuse (fig. 44).

63. Lumière de Drummond. — Mais on lui donne un éclat bien plus vif, qui rapproche sa lumière de celle de la pile électrique ou du soleil, en envoyant le dard du chalumeau oxhydrique contre un morceau de chaux. La chaux devient incandescente et projette mille rayons éblouissants. C'est la lumière de Drummond, employée dans les cours, pour les projections, quand le soleil fait défaut.

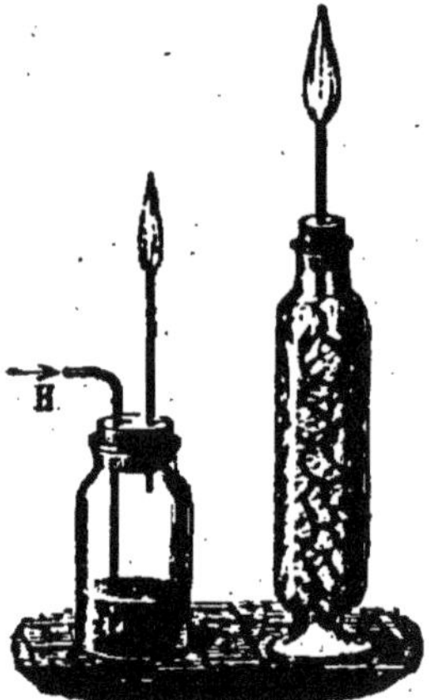

Fig. 44.

64. Usages de l'hydrogène. — L'hydrogène servait autrefois à gonfler les ballons; mais on a renoncé à son emploi pour cet usage, parce qu'il traverse trop facilement les étoffes même recouvertes de vernis; on lui substitue le gaz d'éclairage, un peu plus lourd, mais encore notablement plus léger que l'air.

L'hydrogène est employé dans le chalumeau oxhydrique pour opérer la fusion du platine, — et pour faire la soudure des lames de plomb que l'industrie emploie pour les chambres où l'on fabrique l'acide sulfurique.

Il servait autrefois au *briquet à hydrogène*, que les allumettes chimiques ont avantageusement remplacé.

65. Préparation. — L'hydrogène n'existe qu'en combinaisons; l'eau est la plus répandue; c'est donc à l'eau qu'on demande l'hydrogène. Il faut pour cela enlever l'oxygène, ce que l'on fait facilement avec un métal.

1° *Avec le sodium.* — Dans une éprouvette pleine de mercure, on envoie un peu d'eau qui va occuper le haut de l'éprouvette. On présente à l'entrée de l'éprouvette un petit morceau de sodium bien propre enveloppé dans du papier buvard; il monte au haut de l'éprouvette, parce qu'il est plus léger que le mercure. L'eau imbibe le papier, le sodium s'empare de l'oxygène, et l'hydrogène, mis en liberté sous son état de gaz, déprime le mercure et remplit l'éprouvette. Mais ce moyen ne permet pas d'obtenir beaucoup de gaz.

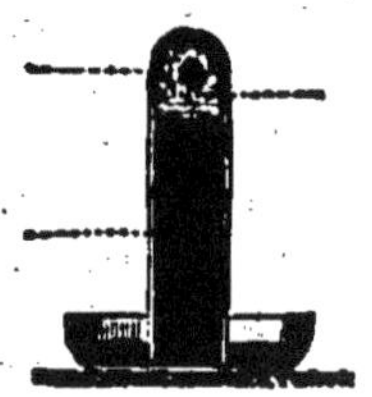
Fig. 45.

2° *Avec le zinc et un acide fort.* — On met du zinc en grenaille et de l'eau dans un flacon à deux tubulures, puis on ajoute de l'acide sulfurique par le tube à entonnoir; l'hydrogène se produit très-rapidement et en grande quantité. — On le recueille sur l'eau. Nous indiquerons plus loin la théorie de cette préparation.

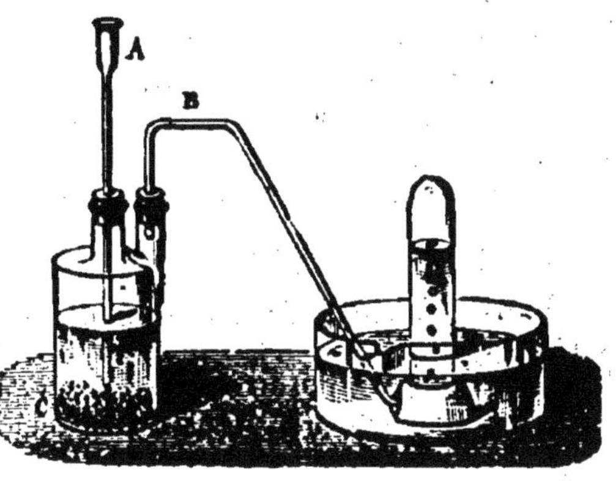

Fig. 46.

Historique. — L'hydrogène a été découvert en 1766 par Cavendish qui l'appela air inflammable, à cause de sa propriété de brûler à l'air.

CHAPITRE VII.

EAU HO = 9.

66. **Composition de l'eau.** — L'eau se forme par la combustion de l'hydrogène, c'est-à-dire par la combinaison de ce gaz avec l'oxygène. Quelles sont les quantités des deux gaz qui se combinent pour former de l'eau? C'est ce que l'analyse va nous apprendre. Nous avons déjà fait l'analyse de l'eau en préparant l'hydrogène par le sodium; mais nous n'avons recueilli qu'un des deux gaz. L'électricité nous donne le moyen de les avoir tous deux et de pouvoir les mesurer.

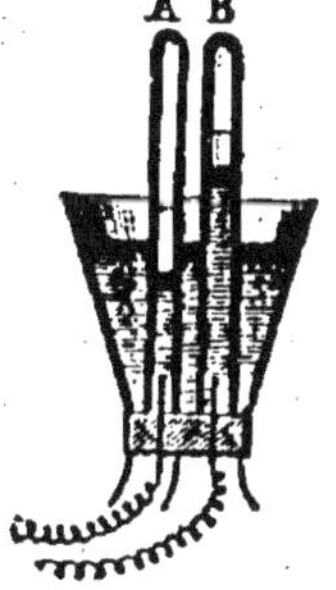

Fig. 47.

67. **Analyse de l'eau par la pile.** — On se sert d'un vase, le voltamètre, dont le fond est traversé par deux fils de platine isolés l'un de l'autre et que l'on mettra en communication avec les deux pôles d'une pile électrique. — On remplit le vase d'eau légèrement acidulée, et on renverse au-dessus de chacun des fils une éprouvette pleine d'eau. Quand l'électricité passe, on voit des bulles de gaz se dégager contre les fils et monter dans les éprouvettes.

Tout le temps que dure l'expérience, on remarque que l'éprouvette A contient deux fois plus de gaz que l'éprouvette B. Le gaz de A s'allume avec un petit bruit; c'est de l'**hydrogène**. — Le gaz de B rallume et fait brûler une allumette qui n'avait plus qu'un point rouge; c'est de l'**oxygène**.

On conclut de cette expérience que l'*eau est formée de 2 volumes d'hydrogène unis à 1 volume d'oxygène.*

Si on reçoit les deux gaz dans la même éprouvette, leur mélange détone quand on l'allume : c'est le gaz **tonnant**, qui brûle sans résidu apparent.

68. Synthèse de l'eau par l'eudiomètre. — Pour vérifier cette composition, on fait la synthèse de l'eau, c'est-à-dire qu'on forme l'eau au moyen de ses éléments. Nous avons déjà fait la synthèse de l'eau en brûlant l'hydrogène à l'air; mais nous n'avons pas mesuré les deux gaz. Pour effectuer facilement cette mesure, on emploie un tube à parois fortes où l'on pourra faire éclater une étincelle électrique; on le nomme **eudiomètre**.

Fig. 48.

On le remplit de mercure; puis on y fait passer 2 mesures d'hydrogène et 1 mesure d'oxygène; on le ferme; on produit l'étincelle électrique que l'on voit passer dans le mélange des gaz et, si on ouvre le tube sans le sortir du mercure, ce liquide le remplit *complétement*.

69. Volume de l'eau formée. — Supposons que nous avons pu opérer sur 3 litres de gaz (on opère sur 1/4 de litre au plus, à cause de la force de la détonation et pour éviter une explosion): ils ont totalement disparu pour donner de l'eau. Il est évident que le poids de l'eau est la somme des poids des gaz employés.

Or	2 litres H pèsent	$2 \times 0{,}0895 = 0^{gr},179.$
	1 litre O pèse	$1 \times 1{,}437 = 1^{gr},437.$
	Poids de l'eau formée	$= 1^{gr},616.$

Si cette eau passe à l'état liquide, elle n'occupe pas même 2 cent. cubes; on comprend pourquoi on n'en aperçoit pas dans l'eudiomètre.

Si elle restait à l'état de vapeur d'eau, le litre de vapeur pesant $0^{gr},808$, elle occuperait :

$$\frac{1{,}616}{0{,}808} = 2 \text{ litres.}$$

Ainsi le calcul démontre que

2 litres d'hydrogène } donnent 2 litres de vapeur d'eau
1 litre d'oxygène } en se combinant.

70. Composition de l'eau en poids. — On pourrait déterminer par le calcul les poids d'hydrogène et d'oxygène qui forment un poids donné d'eau ; mais mieux valait demander cette détermination à une expérience rigoureuse, qui pût servir de vérification aux nombres trouvés pour la composition de l'eau. C'est M. Dumas qui l'a réalisée ; son expérience a été montée avec tant de soin qu'elle est restée le modèle des déterminations chimiques.

71. Synthèse de l'eau par l'oxyde de cuivre. — Il a fait passer de l'hydrogène pur et sec sur un poids connu d'oxyde de cuivre, et il a soigneusement recueilli l'eau formée. En pesant l'oxyde de cuivre, après l'expérience, il a eu le poids d'oxygène

Appareil Dumas.

Fig. 49.

enlevé par l'hydrogène. En retranchant ce poids d'oxygène du poids de l'eau formée, il a connu le poids de l'hydrogène entré dans la combinaison. L'appareil qui a servi au savant chimiste est complexe : la première partie est destinée à produire, à purifier et à dessécher l'hydrogène ; la deuxième comprend le ballon à oxyde de cuivre et les tubes destinés à retenir toute l'eau formée.

Voici un exemple de cette expérience :

Poids de l'oxyde de cuivre avant l'expérience..	159	grammes,
— — après —	127	—
Poids de l'oxygène...	32	—
Poids de l'eau recueillie... 36 grammes.		
Poids de l'hydrogène...	4	—

On en tire facilement que

1 gramme H, 8 grammes O } produisent 9 grammes d'eau.

Depuis cette détermination, quand on représente l'hydrogène par la lettre H, cette lettre figure 1 gramme et 2 volumes d'hydrogène et la lettre O représente 8 grammes et 1 volume d'oxygène.

L'eau se figure par HO et ce symbole représente 9 grammes.

72. Égalité chimique. — On retrouve après l'expérience, sous la forme nouvelle qu'ont prise les corps, le poids **intégral** qu'ils avaient avant l'expérience.

Comme on représente les corps par leurs symboles, c'est-à-dire par leurs premières lettres, on fait représenter des poids à ces symboles; on peut alors écrire la réaction sous forme d'une égalité. Celle de l'expérience précédente s'écrit :

$$CuO + H = HO + Cu.$$

73. Équivalent. — Le nombre de grammes que représente le symbole d'un corps s'appelle son **équivalent**; c'est, dans la plupart des cas, pour les corps simples, le poids du corps qui peut se substituer à 1 gramme d'hydrogène ou s'y combiner, ou encore se substituer ou se combiner à 8 grammes d'oxygène.

74. Propriétés physiques de l'eau. — L'eau se présente dans la nature sous les trois états; mais la plus grande quantité de l'eau est un liquide transparent, sans odeur ni saveur. incolore lorsqu'il est vu sous une faible épaisseur, mais vert bleuâtre lorsqu'il est vu en grandes masses.

Refroidissement de l'eau. — Lorsqu'on la refroidit, elle diminue de volume; mais cette diminution s'arrête quand le thermomètre marque 4°; c'est donc à cette température qu'elle occupe le plus petit volume, comme on peut s'en convaincre en refroidissant lentement de l'eau dans un ballon à long col; le volume diminue jusqu'à 4° et réaugmente si le refroidissement continue. C'est à 4° que le même volume d'eau pèse le plus, que l'eau est à son **maximum de densité**; le poids du centimètre cube, à cette température, a été pris pour unité de poids (1 gramme) et cette densité pour unité de densité des liquides et des solides.

Fig. 50.

Refroidie jusqu'à 0°, l'eau devient solide, en se dilatant d'environ $\frac{1}{15}$ de son volume. La glace est formée d'une multitude de petits cristaux enchevêtrés que l'on peut observer sur les flocons de neige en les regardant à la loupe; ces cristaux ont des formes très-variées et très-jolies qui représentent presque toutes des solides à six pans réguliers (fig. 53). La neige et le givre proviennent de vapeur d'eau suffisamment refroidie. On fait fa-

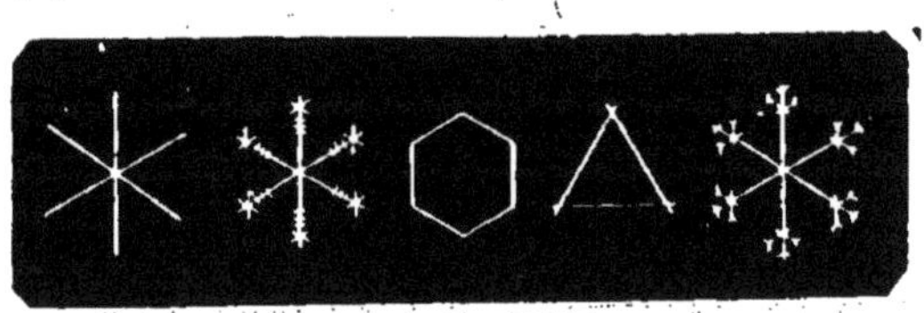

Fig. 51.

cilement congeler la vapeur d'eau de l'atmosphère à l'état de givre sur la paroi d'un verre où l'on opère un mélange réfrigérant qui abaisse rapidement la température (la neige et le sel marin, ou l'azotate d'ammonium et l'eau).

75. Action de la chaleur. — L'eau exige beaucoup de chaleur pour s'échauffer. On étudie en physique sa capacité calorifique et les conséquences qui en dérivent. On la réduit en vapeur par l'ébullition à 100° sous la pression de 760mm. Si alors on refroidit cette vapeur dans un récipient convenable, l'eau reprend l'état liquide; on peut par ce moyen la séparer des corps solides qu'elle peut tenir en dissolution et obtenir l'eau **distillée**, c'est-à-dire l'eau pure.

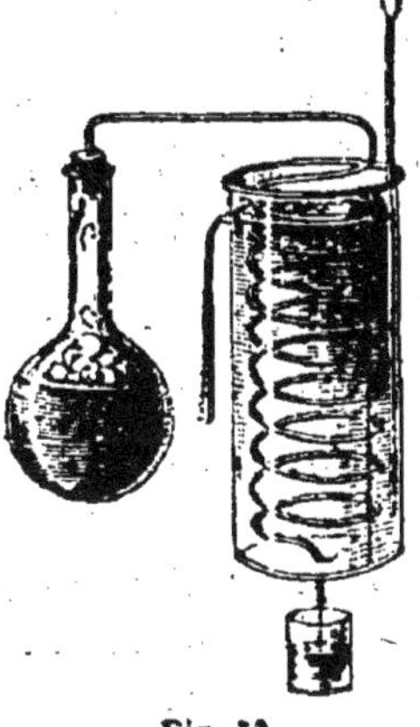
Fig. 52.

L'eau émet de la vapeur à toute température, et la grande étendue d'eau qui couvre les trois quarts du globe en produit constamment dans l'air des quantités considérables, qui flottent quelque temps et retombent ensuite en pluie. On peut donc considérer l'atmosphère comme un immense appareil distillatoire, et l'eau de pluie recueillie à sa chute comme de l'eau distillée; elle contient, de plus que cette dernière, des gaz dissous qu'elle a pris à l'atmosphère.

76. Dissolution des corps dans l'eau. — L'eau dissout un grand nombre de corps solides et liquides; elle dissout aussi beaucoup de gaz, notamment l'air. Les eaux naturelles contiennent généralement, par litre, 25cmc environ d'air dissous que l'on peut extraire en faisant chauffer l'eau dans un ballon muni d'un tube abducteur entièrement plein de ce liquide, et en recueillant le gaz dans une éprouvette sur une cuve à eau (fig. 53).

Fig. 53.

77. Propriétés chimiques de l'eau. — L'eau n'exerce pas d'action sur la teinture de tournesol; elle n'est donc ni acide ni base forte; la suite du cours nous montrera qu'elle peut parfois jouer le rôle d'un acide et parfois aussi celui d'une base. Nous avons vu que l'électricité la décompose et que les métaux peuvent lui prendre son oxygène en dégageant l'hydrogène.

78. L'eau à la surface de la terre. — Les eaux qui coulent à la surface de la terre ne sont jamais pures; elles renferment tous les produits qu'elles ont pu dissoudre dans leur contact avec le sol, et elles varient de propriétés suivant les substances qu'elles tiennent en dissolution. On peut en faire trois grands groupes:

1° Les *eaux potables*, qui servent à la boisson de l'homme et des animaux;

2° Les *eaux minérales* ou *médicinales*, froides ou chaudes, que l'on fait servir à la guérison de certaines affections;

3° *L'eau de mer*, dont l'évaporation donne le sel marin.

79. Eaux potables. — Une eau, pour être bonne et servir à l'alimentation, doit être :

Limpide : il faut rejeter les eaux bourbeuses;

Incolore et *inodore*, *d'une saveur agréable* (l'eau distillée est fade);

Fraîche, d'une température de 8° à 15° ;

Aérée : elle doit contenir par litre de 25 à 50^{cmc} de gaz, notamment de l'air;

Exempte de matières organiques, surtout de celles qui se putréfient;

Elle doit contenir de 1 à 3 décigrammes de matières minérales en dissolution; les eaux qui en contiennent plus sont dites *lourdes* ou encore *séléniteuses*, quand le plâtre y domine.

Une eau qui réunit ces conditions dissout bien le savon et cuit bien les légumes.

80. Essai pratique des eaux potables. — Pour essayer la potabilité des eaux, on se sert de trois réactifs :

1° Une dissolution de savon dans l'alcool;

2° — de bois de Campêche dans l'alcool;

3° — de chlorure d'or dans l'eau.

Dans une eau potable, la dissolution de savon détermine un léger trouble, mais pas de grumeaux; la dissolution de campêche se colore légèrement en bleu et non en violet foncé. — La dissolution de chlorure d'or bouilli avec l'eau conserve sa couleur jaune.

Dans une eau chargée de trop de sels de chaux, le savon donne des grumeaux, le campêche devient violet. L'eau est trop lourde pour être employée comme boisson; — d'ailleurs elle se trouble par l'ébullition.

L'eau chargée de trop de matières organiques décolore le chlorure d'or quand on la fait bouillir avec lui; elle doit être rejetée.

CHAPITRE VIII.

AZOTE. — AIR ATMOSPHÉRIQUE.

AZOTE Az = 14.

81. Propriétés physiques. — L'azote est un gaz incolore, inodore et sans saveur. Il est un peu moins lourd que l'air; il pèse 14 fois plus que l'hydrogène. Le poids du litre est donc :

$$14 \times 0{,}0893 = 1^{gr},25.$$

Il est peu soluble dans l'eau et il a été liquéfié.

82. Propriétés chimiques. — L'azote éteint les corps en combustion et ne brûle pas; une bougie allumée qu'on y plonge s'éteint immédiatement. Il est impropre à la respiration; les animaux qu'on y plonge y meurent asphyxiés.

Il ne se combine directement avec aucun corps usuel; mais on le trouve engagé dans des combinaisons qui offrent un grand intérêt. Il forme avec l'oxygène l'*air atmosphérique.*

83. Préparation. C'est de l'air qu'on retire ordinairement l'azote, en absorbant l'oxygène. On met quelques grammes de phosphore dans un petit godet en verre supporté par un flotteur de liège qui nage sur la cuve à eau. On enflamme le phosphore et on le recouvre avec une grande cloche; le phosphore continue à brûler aux dépens de l'oxygène de l'air emprisonné; la cloche se remplit de vapeurs blanches d'acide phosphorique. Au bout de peu de temps, le phosphore s'éteint; l'eau monte dans la cloche; les vapeurs blanches disparaissent; le gaz restant dans la cloche est de l'azote; il occupe environ les $\frac{4}{5}$ du volume; l'eau est montée de $\frac{1}{5}$.

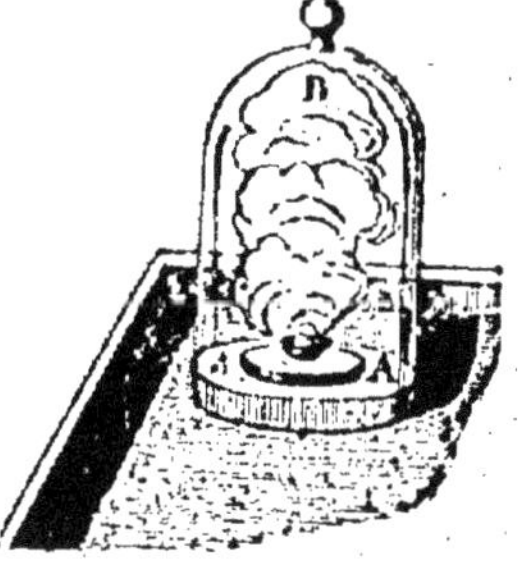

Fig. 34.

Si on voulait de l'azote plus pur, on ferait passer sur du cuivre chauffé, contenu dans un tube, de l'air provenant d'un flacon à deux tubulures que l'on remplirait peu à peu d'eau.

L'air sortant du flacon traverserait un tube contenant de la potasse pour s'y dépouiller de l'acide carbonique qu'il contient.

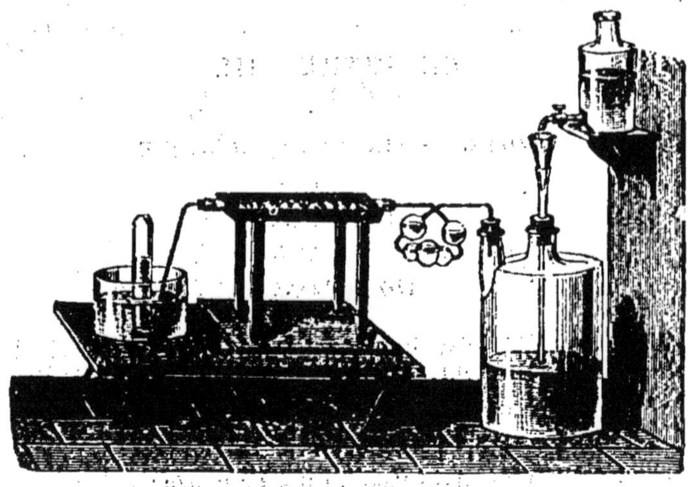

Fig. 35.

Dans cette opération, on utilise l'affinité du cuivre chauffé pour l'oxygène.

L'azote n'a pas d'usage important.

Il a été découvert en 1772 par Rutherford.

AIR ATMOSPHÉRIQUE.

L'air au milieu duquel nous vivons est un gaz sans odeur ni saveur, incolore sous une faible épaisseur et bleu quand il est vu en grandes masses. Le litre pèse $1^{gr},293$. On a longtemps pris sa densité pour unité et on y rapportait les densités des autres gaz. On préfère aujourd'hui les rapporter à celle de l'hydrogène.

84. Composition de l'air. — En préparant l'azote, nous nous sommes convaincus que l'air est un corps composé, et non un élément, comme le croyaient les anciens ; l'expérience nous a donné approximativement sa composition ; nous en avons fait une analyse approchée.

Pour faire l'analyse exacte d'un volume mesuré d'air, on applique la méthode que nous avons suivie, qui consiste à absorber l'oxygène et à le fixer dans une combinaison non gazeuse à la température ordinaire, puis à mesurer le gaz restant.

On peut employer bien des corps pour fixer l'oxygène de

l'air; on a recours d'habitude au phosphore, à l'hydrogène ou au cuivre.

85. Analyse de l'air par le phosphore. 1° *A froid.* — On emprisonne un volume d'air dans une éprouvette graduée (soit 100 divisions) reposant sur le mercure. On introduit dans l'éprouvette un bâton de phosphore humide; aussitôt qu'il arrive dans l'air, on le voit répandre un nuage blanchâtre; il se combine peu à peu à l'oxygène. L'expérience est terminée quand le bâton de phosphore ne donne plus de lueurs dans l'obscurité, ce qui demande parfois plus d'un jour. On retire le bâton de phosphore et on lit le volume du gaz restant avec les mêmes précautions qu'on a lu le volume de l'air introduit. Ce volume est celui de l'azote.

Fig. 56.

L'expérience amène :

Pour 100 volumes d'air { 79 volumes d'azote; 21 volumes d'oxygène.

2° *A chaud.*— Quand on veut faire cette analyse en quelques minutes, on mesure l'air dans un tube gradué; on transvase le gaz dans une petite cloche courbe; on y envoie un morceau de phosphore que l'on fait enflammer en chauffant le tube. L'oxygène est alors absorbé très-rapidement et l'eau remonte dans la cloche. On laisse refroidir le gaz et on le transvase à nouveau dans le tube gradué, où on lit son volume.

Fig. 57.

86. Analyse par l'eudiomètre. — L'appareil dont on se sert ordinairement est un tube de verre très-résistant, terminé aux deux extrémités par des garnitures de cuivre qui portent chacune un entonnoir et un robinet; un tube gradué peut se visser sur l'entonnoir supérieur. On le remplit complétement d'eau, puis on ferme le robinet R'; le tube reste plein d'eau comme une éprouvette. Pour mesurer les gaz qu'on y envoie, on se sert d'un bout de tube garni d'un obturateur; son volume représente 100 divisions du gros tube gradué. On introduit dans l'appareil de l'air et de l'hydrogène; on fait passer l'étincelle; l'hydrogène et l'oxygène se combinent et donnent de l'eau; on fait passer les gaz restant dans le tube gradué, où on lit leur volume.

On a envoyé dans l'appareil	100 volumes d'air ; 100 volumes d'hydrogène.
Total. . .	200
Il reste après le passage de l'étincelle . . .	137
Disparus. . .	63 dont { 21 d'oxygène ; 42 d'hydrogène.

L'air essayé contenait donc 21 p. % d'oxygène.

Les méthodes qui précèdent ont un inconvénient, c'est d'opérer sur de petits volumes d'air qu'il est difficile de mesurer très-exactement.

87. Méthode d'analyse par les poids. — MM. Dumas et Boussingault ont opéré sur de grandes quantités d'air, et ils ont pesé les gaz. L'air, dépouillé des corps autres que l'azote et l'oxygène, est appelé dans un grand ballon de 10 à 15 litres où l'on a fait le vide, et pour y arriver il traverse un tube contenant du cuivre chauffé où il abandonne son oxygène, de sorte qu'il n'arrive dans le ballon que l'azote.

Fig. 38.

L'augmentation de poids du ballon donne le poids de l'azote; celle du tube contenant le cuivre, le poids de l'oxygène. Les expériences faites par cette méthode exacte ont vérifié les nombres que nous avons donnés ci-dessus.

Fig. 39.

88. La composition de l'air est constante. — On a pris de l'air à diverses époques, dans différents lieux, à différentes hauteurs (et c'est facile puisqu'il suffit de vider l'eau d'un flacon); on en a fait l'analyse, et on a toujours trouvé la même composition; on peut en conclure que l'atmosphère ne varie pas sensiblement quant à la nature et à la quantité des gaz qui la forment.

89. Autres corps contenus dans l'air. — L'air contient toujours une petite quantité de vapeur d'eau, variable avec le degré d'humidité et que l'on met très-facilement en évidence en la forçant à se déposer en buée ou en gouttelettes sur les corps froids; tel est le dépôt de rosée si abondant sur les plantes au printemps, ou, dans nos appartements, la buée qui se forme sur une carafe dont l'eau est plus froide que l'air de la chambre où on l'apporte.

L'air contient aussi un peu d'acide carbonique (environ un demi-gramme par mètre cube); nous le mettrons en évidence en étudiant ce composé.

On trouve aussi constamment dans l'air des myriades de corpuscules légers qui y flottent et qu'un rayon de lumière rend visibles dans une chambre obscure en les éclairant. Parmi ces poussières se trouvent des germes organisés qui sont les agents des transformations que l'air fait subir aux substances végétales ou animales qu'on y abandonne. M. Pasteur en a démontré l'existence en faisant filtrer de l'air sur une bourre de coton-poudre. En dissolvant ensuite cette bourre dans un mélange d'éther et d'alcool où le coton-poudre est, comme nous l'avons vu, entièrement soluble, il a trouvé un résidu où l'examen microscopique lui a fait reconnaître les agents des fermentations et des putréfactions.

90. L'air est un mélange. — On reproduit l'air en mélangeant 21 litres d'oxygène avec 79 litres d'azote, et il ne se produit pas le dégagement de chaleur qui accompagne d'ordinaire toute combinaison.

De plus, les volumes des deux gaz qui forment l'air ne sont pas, comme ceux des gaz combinés, dans des rapports simples.

Enfin, si l'on dissout l'air dans l'eau, chacun des deux gaz se dissout dans le liquide comme s'il était libre; et quand on fait l'analyse de l'air extrait de l'eau on trouve 33 p. % d'oxygène, ce qui indique bien que ce n'est pas l'air qui s'est dissous, puisqu'il n'a pas conservé sa nature, mais chacun des deux gaz qui le forment par leur mélange.

Fig. 60.

91. Propriétés chimiques de l'air. — L'air a les propriétés de l'oxygène, mais tempérées beaucoup par la présence de l'azote. Il entretient la vie des animaux mieux que l'oxygène, qui est pour cela trop actif; il entretient les combustions des flammes de nos foyers. On l'emploie à rendre les combustions actives, les flammes chaudes, en l'insufflant à l'aide du chalumeau, des diverses formes de machines soufflantes dont l'usage est très-répandu; le soufflet de nos foyers est l'exemple le plus simple et le plus connu.

92. Oxydation des métaux à l'air. — En chauffant les métaux à l'air, on obtient les oxydes d'un grand nombre d'entre eux; c'est ainsi qu'on produit l'oxyde de plomb; ce métal se recouvre d'une crasse grise quand on le chauffe, et cette crasse se transforme peu à peu en une poudre jaunâtre.

La production de l'oxyde de zinc est une belle expérience, très-facile à faire. On chauffe du zinc dans un creuset ou un têt, le métal fond; si on continue à chauffer, le métal produit des vapeurs qui se combinent à l'oxygène de l'air en produisant une belle flamme bleuâtre et des flocons blancs très-légers que les anciens chimistes appelaient la **laine philosophique** : c'est l'oxyde de zinc.

Le fer s'oxyde à l'air humide et se couvre de rouille (oxyde de fer), et pour empêcher cette oxydation, qui continue d'elle-même et qui rongerait peu à peu tout le métal, il faut recouvrir celui-ci d'une peinture préservatrice.

93. Historique de la découverte de la composition de l'air. — Au XVIIIe siècle, on considérait l'air comme un élément. Jean Rey, en 1630, avait bien démontré que l'air se fixe sur certains métaux, comme l'étain; mais il n'avait pas cherché si dans cette opération l'air disparaît en tout ou en partie; il appelait **chaux métallique** le produit formé que nous nommons oxyde.

C'est Lavoisier qui en 1774 sut trouver la véritable composition de l'air. La célèbre expérience que son génie sut imaginer a été le point de départ des progrès de la chimie; nous allons la décrire.

94. Expérience de Lavoisier. — Il mit environ 120 grammes de mercure dans un ballon à long col doublement recourbé, de telle manière que l'extrémité ouverte dépassât le niveau du mercure de la cuve. Il couvrit cette extrémité avec une cloche graduée, emprisonnant ainsi l'air du ballon; puis il chauffa le mercure contenu dans le ballon pendant environ douze jours. Le mercure se couvrit de pellicules rouges qui augmentèrent jusqu'au huitième jour et n'augmentèrent plus après. Il laissa refroidir l'appareil, et il vit que le mercure avait monté dans la cloche. L'air avait donc diminué d'environ $\frac{1}{5}$, pour former la **chaux de mercure** appelée encore **précipité per se.**

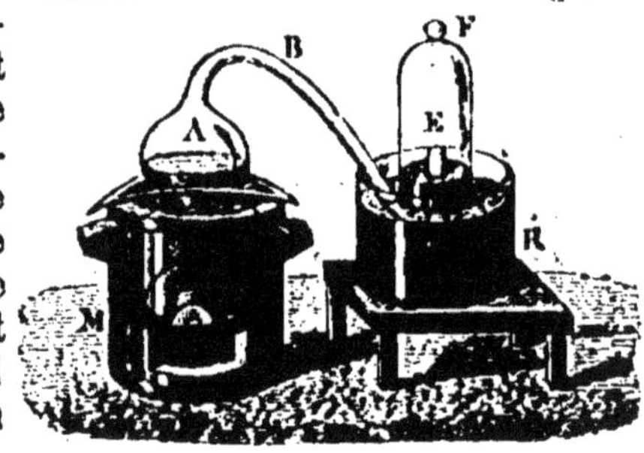

Fig. 61.

Lavoisier étudia les propriétés du gaz restant dans la cloche; il lui reconnut celles que nous connaissons à l'azote.

Il recueillit alors la substance rouge, la chauffa dans un petit matras dont le col recourbé se rendait sous une éprouvette; il obtint à peu près autant de gaz qu'il en avait disparu de la cloche, et le mercure fut régénéré dans le matras. Le gaz essayé était **l'oxygène**, capable d'entretenir la combustion et la vie. En le mêlant au gaz azote resté dans la cloche, on reformait l'air. Lavoisier fit donc par cette expérience l'analyse et la synthèse de l'air.

Il conclut que l'oxygène se fixait aux métaux pour donner les chaux métalliques ou oxydes, et que les métaux augmentaient de poids en s'oxydant.

Il fit voir que l'oxygène de l'air est l'agent actif qui fait brûler les corps combustibles; et il posa le premier une théorie raisonnée de la combustion et de la respiration.

CHAPITRE IX.

CHLORE Cl = 35,5.

95. Propriétés physiques. — Le chlore est un gaz jaune verdâtre, doué d'une odeur forte et irritante; respiré en petite quantité, il produit une vive oppression, une toux violente et même le crachement de sang. Il est très-lourd; il pèse 35,5 fois plus que l'hydrogène (sa densité rapportée à l'air est 2,44). Le poids du litre est:

$$35,5 \times 0,0895 = 3^{gr},17.$$

On profite de cette propriété pour le recueillir par déplacement de l'air d'un flacon bien sec.

Il est soluble dans l'eau qui en dissout 3 fois son volume.

96. Propriétés chimiques. — Le chlore a des affinités énergiques pour un grand nombre de corps simples; *il se combine vivement avec les métaux et avec l'hydrogène.*

Fig. 62.

97. Combinaison du chlore avec les métaux. — I. Dans un flacon de chlore, on jette de l'antimoine en poudre; le métal brûle dans le gaz et tombe sous forme d'une pluie de feu; la combinaison a donc lieu avec dégagement de chaleur et de lumière; le produit formé s'échappe sous forme de vapeurs blanches : c'est du **chlorure d'antimoine**.

II. On plonge dans un flacon de chlore un faisceau de fil de fer que l'on vient de chauffer; le fer se ronge dans le gaz et reste quelque temps rouge; les deux corps se combinent et produisent une poussière et des vapeurs d'un rouge brun : c'est le **chlorure de fer.**

III. On remplace le faisceau de fil de fer par des fils de cuivre; ils rougissent dans le chlore et donnent avec lui un composé vert, le **chlorure de cuivre.**

IV. On jette quelques gouttes de mercure dans un flacon de chlore, et on agite; le liquide, qui d'ordinaire ne mouille pas le verre, se colle aux parois du flacon sous forme d'un enduit miroitant qui tombe peu à peu en poussière blanche; c'est un **chlorure de mercure.**

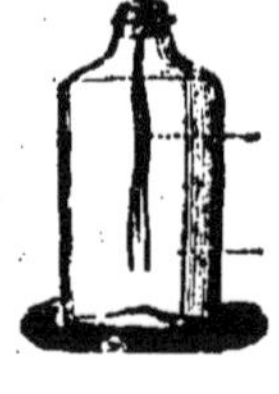

Fig. 63.

(Cette dernière expérience fait comprendre pourquoi on ne peut pas recueillir le gaz chlore sur le mercure.)

98. **Remarque.** — Les quatre composés formés contiennent un métalloïde et un métal; on forme leurs noms en terminant en *ure* celui du métalloïde et en ajoutant le nom du métal.

Métalloïdes. — Le chlore se combine vivement avec les métalloïdes en donnant des chlorures. — Ainsi le phosphore s'enflamme dans un flacon de ce gaz, et l'arsenic en poudre y brûle avec éclat.

99. **Combinaison du chlore avec l'hydrogène libre.** — On mélange dans un flacon des volumes égaux de chlore et d'hydrogène et on approche son ouverture de la flamme d'une bougie; la combinaison des deux gaz se produit avec explosion; le flacon se remplit de vapeurs blanches qui rougissent fortement la teinture de tournesol. Le produit formé est un acide. On devrait logiquement l'appeler **chlorure d'hydrogène**; on lui donne habituellement le nom d'acide **chlorhydrique**, qui rappelle sa composition.

A la lumière solaire, la combinaison du chlore et de l'hydrogène est si vive que le flacon vole en éclats. Quand on veut faire l'expérience sans danger, on bouche le flacon où l'on a fait le mélange et on le porte à l'ombre; puis, à distance, on y projette les rayons solaires à l'aide d'un miroir : la combinaison est instantanée.

Fig. 64.

A la lumière diffuse, la combinaison des deux gaz est lente; la couleur du chlore disparaît peu à peu, mais l'acide chlorhydrique se forme complétement. Et si on transporte sur le mercure l'éprouvette où il s'est formé, on reconnaît qu'il occupe *tout* le volume qu'occupaient les deux gaz. On peut donc écrire :

	2 volumes d'hydrogène	ou	H,	
Avec	2 volumes de chlore	ou	Cl	forment
	4 volumes d'acide chlorhydrique	ou	HCl.	

On tire facilement de là, par le calcul, l'équivalent du chlore.

1 litre de Cl qui pèse 3gr,17 se combine avec 1 litre H pesant 0gr,0895.

Le poids du chlore qui se combine avec 1 gramme d'hydrogène est :

$$\frac{3,17}{0,0895} = 35,5.$$

Dans cette formation de l'acide chlorhydrique par synthèse, le volume du composé est la somme des volumes qui l'ont formé.

100. Combinaison du chlore avec l'hydrogène combiné. — Le chlore prend l'hydrogène même aux corps composés qui renferment ce gaz.

Ainsi le chlore prend l'hydrogène à l'eau. On peut en effet décomposer l'eau par un courant de chlore en la faisant passer avec ce gaz dans un tube chauffé; on recueille de l'oxygène et de l'acide chlorhydrique :

$$HO + Cl = HCl + O.$$

101. Eau de chlore. — On ne peut conserver l'eau de chlore que dans des flacons en verre noir; sous l'influence de la lumière, le chlore prend à l'eau son hydrogène, dégage de l'oxygène, et il ne reste bientôt plus qu'une dissolution étendue d'acide chlorhydrique.

102. Chlore décolorant. — Le chlore est décolorant, probablement parce qu'il enlève l'hydrogène aux matières colorées, qu'il détruit ainsi. On prouve cette propriété en versant de l'eau de chlore fraîche dans une solution d'indigo qui perd sa belle coloration bleue, ou en trempant dans l'eau de chlore un papier écrit dont l'écriture disparaît de suite, ou encore en plongeant dans un flacon de chlore gazeux un papier écrit et mouillé que l'on retire blanc.

103. Le chlore est oxydant en présence de l'eau. — On augmente la tendance du chlore à s'emparer de l'hydrogène de l'eau quand on place ces deux corps en présence d'un troisième qui est capable de fixer l'oxygène; le chlore fonctionne alors comme un corps oxydant.

Si on place dans un verre une dissolution de l'acide inférieur de l'arsenic (*acide arsénieux*) teintée d'indigo, et qu'on y fasse dégager lentement du chlore, les premières bulles du gaz ne décolorent pas l'indigo, elles produisent l'oxydation de l'acide, et ce n'est que quand ce résultat est atteint que l'indigo est décoloré.

104. Usages du chlore. — Le chlore libre n'est guère employé; on n'emploie pas beaucoup non plus l'eau de chlore à cause de sa facile décomposition; mais le chlore, sous forme de composé solide capable de dégager facilement le gaz, est très-employé comme désinfectant et comme décolorant.

On s'en sert pour combattre les émanations putrides, pour assainir les habitations en temps d'épidémie; on pense que le chlore enlève aux miasmes de l'air leur hydrogène et qu'il les rend inoffensifs.

C'est avec le chlore qu'on réalise aujourd'hui le blanchiment de toutes les matières végétales, toiles et pâte à papier. On ne peut pas l'employer pour les matières animales, la laine et la soie; il les détruirait.

105. Préparation. — Le chlore n'existe nulle part à l'état libre; il faut donc le prendre à un de ses composés, à un chlorure ou à l'acide chlorhydrique. C'est généralement celui-ci qu'on emploie. On met dans un ballon du bioxyde de manganèse (MnO^2) avec de l'acide chlorhydrique, et on chauffe légèrement; le gaz commence déjà à se dégager à froid. On le recueille par déplacement d'air, en faisant venir le tube de dégagement au fond d'un flacon sec, dont le chlore chasse l'air peu à peu; ou bien on le recueille sur l'eau d'une terrine. Si on veut que l'eau dissolve moins de chlore, on prend de l'eau salée.

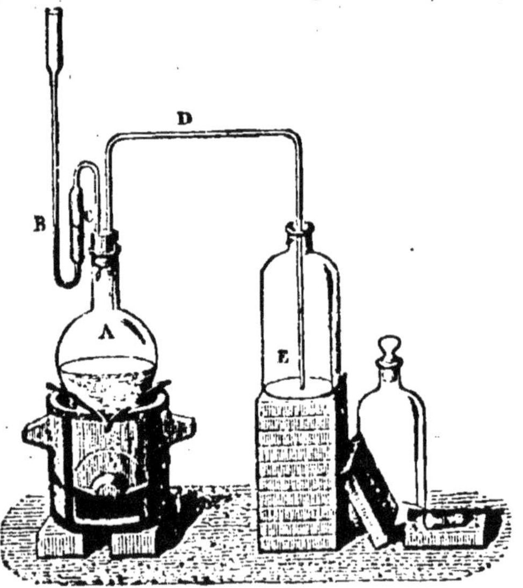

Fig. 45.

La réaction est très-facile à comprendre. On emploie 2 équivalents

$$Mn\frac{O}{O}+\frac{HCl}{HCl}=\frac{HO}{HO}+MnCl+Cl$$

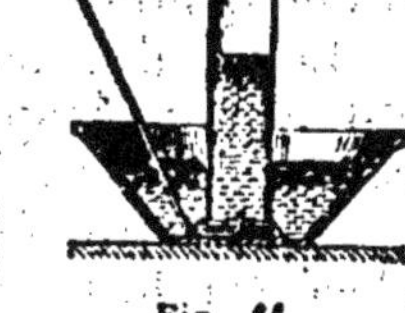
Fig. 66.

d'acide chlorhydrique dont l'hydrogène prendra l'oxygène du bioxyde. Le manganèse se combine au chlore, et il se dégage la moitié du chlore de l'acide employé.

Dans l'industrie, les appareils producteurs de chlore sont nombreux et leurs formes variées; ils sont le plus souvent en grès, volumineux, destinés à être chauffés à feu nu ou par un courant de vapeur. Mais les produits employés sont presque toujours les mêmes que dans les laboratoires.

CHAPITRE X.

ACIDE CHLORHYDRIQUE HCl.

106. Propriétés physiques. — C'est un gaz incolore, d'une odeur et d'une saveur forte et piquante. Il pèse un peu plus que l'air; sa densité rapportée à l'air est 1,27.

Il pèse 18,25 fois plus que l'hydrogène. Le poids du litre est:

$$18,25 \times 0,0895 = 1^{gr},63.$$

Il est extrêmement soluble dans l'eau qui à 0° peut en prendre 480 fois son volume. On montre cette grande solubilité en apportant dans une terrine d'eau, sur une soucoupe contenant du mercure, une éprouvette remplie de gaz chlorhydrique. Sitôt qu'on met le gaz en contact avec l'eau en soulevant l'éprouvette, l'eau se précipite avec violence dans l'éprouvette quand le gaz est pur; le choc est moins fort quand le gaz est mêlé d'un peu d'air.

Fig. 67.

Il forme avec l'eau des hydrates qui fument à l'air, parce que le gaz qui se dégage absorbe la vapeur d'eau de l'air, devient moins volatil et se condense en fumées blanches.

C'est sous la forme de solution aqueuse que l'acide chlorhydrique sert dans les laboratoires; elle est fortement acide, et incolore quand elle est pure.

107. Propriétés chimiques. — Le gaz ne brûle pas; il éteint les corps en combustion.

Le liquide attaque les métaux, donne des chlorures et dégage de l'hydrogène. On fait l'expérience avec le zinc (Zn) :

$$Zn + HCl = ZnCl + H.$$

L'hydrogène se dégage en bulles gazeuses qui viennent crever à la surface du liquide et qui produisent de légères détonations quand on les enflamme.

Fig. 68.

Le métal se dissout, mais c'est une dissolution **chimique**; l'évaporation du liquide donne le chlorure de zinc et non le métal disparu.

Dans cette réaction, l'hydrogène a été remplacé par le métal. Le poids de ce dernier qui s'est substitué à 1 gramme d'hydrogène est son **équivalent.**

108. Action sur les oxydes. — Beaucoup d'oxydes métalliques décomposent l'acide chlorhydrique en produisant un chlorure et de l'eau. Là encore

$$\underset{\text{oxyde,}}{MO} + HCl = \underset{\text{chlorure;}}{MCl} + HO;$$

l'hydrogène change de place avec un métal.

I. Si on fait l'expérience avec l'alcali, qui fonctionne comme oxyde et qui est volatil comme l'acide chlorhydrique, les deux corps en vapeurs se rencontreront avant que les liquides soient mélangés; leur combinaison s'accusera par un *nuage blanc.*

Fig. 69.

De là un moyen de reconnaître l'acide chlorhydrique; on y trempe une baguette de verre que l'on présente au-dessus d'un verre contenant de l'alcali (ammoniaque); elle s'entoure d'un nuage blanc.

II. On fait agir l'acide chlorhydrique sur l'oxyde d'argent :

$$AgO + HCl = AgCl + HO,$$

ou mieux encore sur un sel [1] soluble d'argent. Le chlorure formé est insoluble; il se dépose sous forme d'un précipité blanc caillebotté.

109. On a dans cette réaction le moyen de reconnaître l'acide chlorhydrique et les chlorures dissous.

Le sel de cuisine est un chlorure (**chlorure de sodium,** autrefois de **natrium,** NaCl).

---

1. *Remarque.* — Les sels sont des acides où l'hydrogène a été remplacé par un métal.

Exemple. — *Acide* chlorhydrique, HCl.
Sel : chlorure de zinc, ZnCl.

Si on jette une goutte de la solution de ce sel dans le sel soluble d'argent, le précipité blanc caractéristique apparaît :

$$NaCl + AgO = NaO + AgCl.$$

La même réaction se produira avec le chlorure de zinc formé précédemment.

110. Essai d'une eau. — Si dans une eau on jette quelques gouttes du sel soluble d'argent, et qu'il se produise un précipité, c'est que l'eau contient des chlorures dissous ; s'il n'y a qu'un louche bleuâtre, c'est que l'eau n'en contient que des traces ; l'eau distillée ne subit aucun changement.

111. Usages. — L'acide chlorhydrique sert surtout à préparer le chlore et quelques autres acides ; aussi l'hydrogène. — Il sert aux soudeurs à faire le chlorure de zinc qu'ils emploient. Avec lui, on peut décaper les métaux comme le zinc et le fer. On l'utilise pour extraire la gélatine des os.

Il n'est pas employé à l'état de gaz.

112. État naturel. — L'acide chlorhydrique fait partie des substances rejetées dans les éruptions volcaniques ; on le trouve en solution dans l'eau de certaines fissures sur les flancs des cratères, et dans quelques rivières d'Amérique qui prennent leur source dans les montagnes volcaniques.

113. Préparation. — Dans les laboratoires, pour l'obtenir, on met dans un ballon du sel marin fondu (le sel ordinaire se boursoufle trop) et de l'acide sulfurique ; on chauffe légèrement et on recueille le gaz sur le mercure.

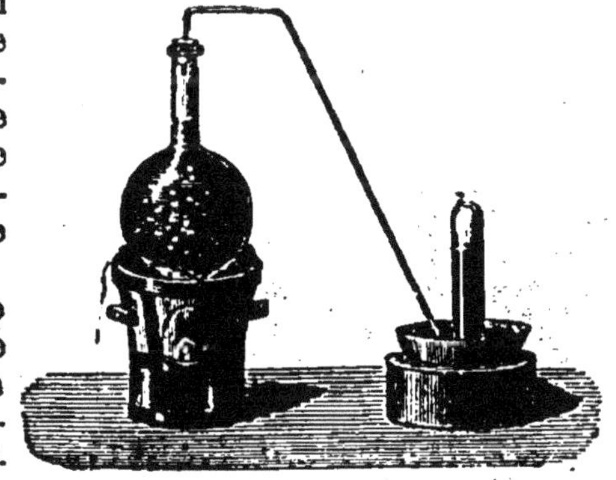

Fig. 70.

La réaction est facile à comprendre ; l'acide sulfurique échange son hydrogène contre le sodium pour donner du *sulfate* de sodium qui reste dans le ballon.

$$NaCl + HOSO^3 = NaOSO^3 + HCl.$$

Pour l'obtenir en dissolution, on fait réagir les mêmes produits ; on munit le ballon d'un tube de sûreté, on le fait suivre d'un flacon laveur contenant peu d'eau et de deux ou trois flacons de Woolff à trois tubulures remplis à moitié ou aux deux tiers d'eau. Les tubes abducteurs doivent plonger très-peu dans l'eau, car la dissolution d'acide est plus lourde que l'eau et tombe au fond du vase à mesure qu'elle se forme; de cette manière, le gaz rencontre toujours l'eau la moins saturée.

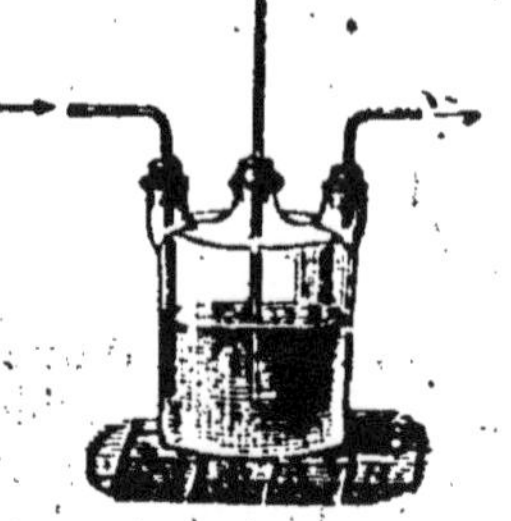

Fig. 71.

Dans l'industrie, on fait réagir le sel marin et l'acide sulfurique en vue d'obtenir le sulfate de sodium, et on recueille l'acide chlorhydrique dans de grandes bonbonnes en grès où il se dissout dans l'eau. Les bonbonnes sont disposées les unes à la suite des autres, comme l'indique la figure 73, de manière à permettre une

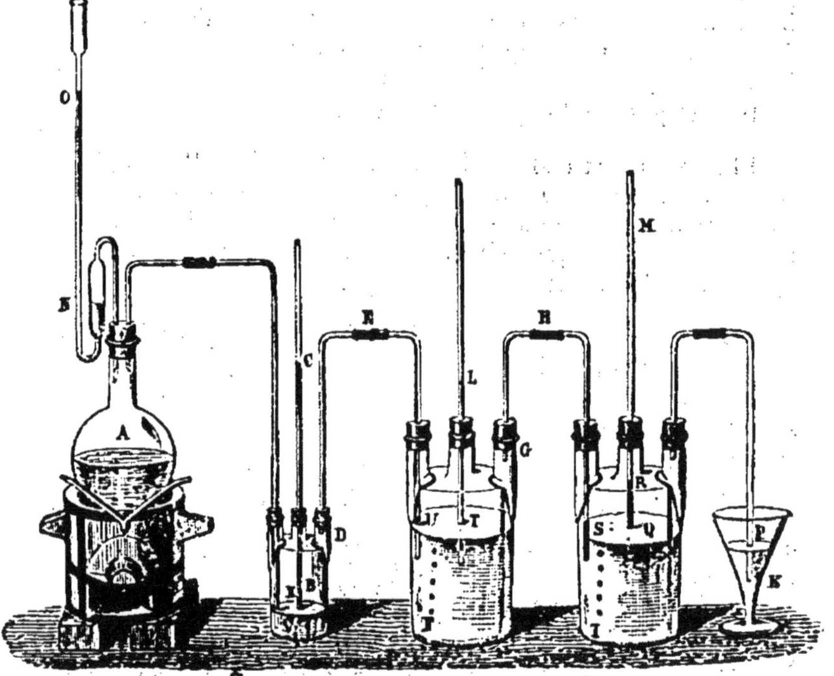

Fig. 72.

condensation complète du gaz et une grande facilité de recueillir le liquide saturé d'acide.

L'acide du commerce est coloré en jaune.

114. Historique. — L'acide chlorhydrique était connu des anciens alchimistes, qui l'appelaient **esprit de sel**; plus tard, on l'appela acide **muriatique** (on lui donne encore parfois ces deux noms). Berthollet, qui découvrit les propriétés du chlore, croyait que ce gaz était de l'acide muriatique oxygéné. C'est Davy qui a

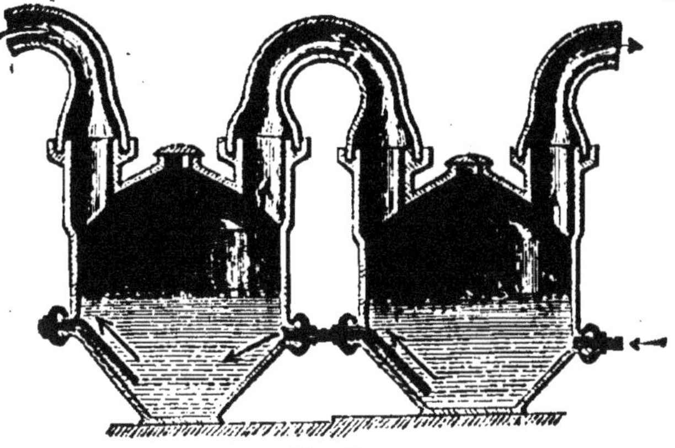

Fig. 73.

établi que le chlore est un corps simple et l'acide chlorhydrique son composé hydrogéné.

COMPOSÉS OXYGÉNÉS DU CHLORE.

115. Le chlore et l'oxygène donnent 5 composés, qui vont nous présenter un exemple de la nomenclature des acides et une preuve que le même corps, le chlore, prend des **proportions multiples** d'oxygène en se combinant avec lui. Ce sont :

ClO, acide hypochloreux;
ClO^3, — chloreux;
ClO^4, — hypochlorique;
ClO^5, — chlorique;
ClO^7, — perchlorique.

Il n'y a, comme on le voit, dans cette série, que les deux terminaisons **eux** et **ique**, que nous avons indiquées au chapitre de l'oxygène; on comprend facilement l'utilite des particules **hypo** et **per** (moins ou plus oxygéné).

Les 5 composés du chlore ne se forment pas directement par le chlore et l'oxygène libres; ils ne peuvent s'obtenir que de combinaisons; encore ne se présentent-ils presque jamais sans eau, ou sans hydrogène qu'ils échangent contre un métal pour donner des **sels**.

Nous n'étudierons que le premier et le quatrième de ces acides et leurs sels. Voici leur formules :

Acide hypochlor*eux*, $HOClO$. — Acide chlorique, $HOClO^5$.
Sel, $MOClO$. — Sel, $MOClO^5$.

(M représente le métal qui remplace l'H de l'acide pour donner le sel.)

116. Noms des sels. — On change le nom de l'acide; **eux** devient **ite**, **ique** devient **ate**, et on ajoute le nom du métal. Supposons que ce métal est le calcium (**Ca**) ou le potassium (autrefois **kalium**, **K**); nous écrirons alors :

Acide hypochlor*eux*,	HO,ClO	hypochlor*ite* de calcium,	CaO,ClO.
		— de potassium	KO,ClO.
Acide chlor*ique*,	$HOClO^5$	chlor*ate* de calcium,	$CaOClO^5$.
		— de potassium,	$KOClO^5$.

117. Acide hypochloreux et hypochlorites. — Les hypochlorites se forment quand on fait passer un courant lent de chlore dans une solution étendue d'un oxyde; voici la réaction pour l'oxyde de potassium (appelé *potasse*) :

$$\begin{matrix}KO\\KO\end{matrix}+\begin{matrix}Cl\\Cl\end{matrix}=KOClO+KCl.$$

Ces corps sont solubles dans l'eau; ils se décomposent facilement, même à la température ordinaire; à l'ébullition, ils se transforment en **chlorates**.

118. Propriété caractéristique. — Les acides, même l'acide carbonique de l'air, en dégagent de l'acide hypochloreux, très-instable, qui se décompose à son tour et produit du chlore; aussi ces composés *décolorent* rapidement les couleurs végétales.

119. Chlorures décolorants. — On en fabrique trois qui sont particulièrement employés au blanchiment; ce ne sont pas simplement des hypochlorites, puisqu'on n'en sépare pas le chlorure métallique qui y est joint. Les deux premiers sont liquides, le troisième est solide. Ce sont :

L'eau de Javel,	KOClO,KCl,
La liqueur de Labarraque,	NaOClO,NaCl.
Le chlorure de chaux,	CaOClO,CaCl.

Leur propriété commune est de dégager du chlore plus ou moins rapidement par l'action d'un acide, et d'être par suite de puissants agents de décoloration. On s'en convainc facilement en versant de l'eau de Javel dans une solution bleue d'indigo : la solution est décolorée.

120. Blanchiment. — Le blanchiment par le chlore a été établi par Berthollet et substitué au blanchiment *sur le* *pré;* on l'opère aujourd'hui par l'eau de Javel pour les tissus légers et par la solution de chlorure de chaux pour toutes les matières végétales. Dans le premier cas, on trempe le tissu dans l'eau de Javel, on l'expose quelques minutes à l'air et on le lave. Dans le second cas, surtout pour les matières difficiles à décolorer, on fait agir un acide faible sur le chlorure pour dégager le chlore.

Ce gaz rend solubles les produits colorants, qu'un lessivage en traîne alors facilement.

121. Acide chlorique et chlorates. — L'acide chlorique est très-instable et se décompose facilement en dégageant de l'oxygène. Les chlorates partagent cette propriété.

Le plus important est le **chlorate de potassium.**

C'est un sel blanc cristallisé, soluble dans l'eau; il fuse sur des charbons ardents et produit une flamme d'un rouge violacé; c'est qu'il se décompose et dégage son oxygène qui active puissamment la combustion.

CHAPITRE XI.

BROME. — IODE. — FLUOR.

BROME Br = 80.

122. Le brome, qui doit son nom à son odeur fétide, est un liquide noir, rouge foncé sous une mince épaisseur, donnant à l'air d'abondantes vapeurs rougeâtres qu'il est dangereux de respirer. Il attaque la peau. Il est peu soluble dans l'eau, mais il se dissout facilement dans l'éther.

123. Propriétés chimiques. — Ses propriétés chimiques sont analogues à celles du chlore; comme le chlore, le brome se combine aux métaux avec lesquels il donne les **bromures** et avec l'hydrogène pour donner l'acide **bromhydrique.**

Mais son affinité pour les métaux et l'hydrogène est moins grande que celle du chlore; aussi celui-ci peut le déplacer de ses combinaisons.

Pour le prouver, on remplit à moitié un tube d'essai de la solution d'un bromure (*le bromure de potassium*); on ajoute de l'eau de chlore; le liquide devient rougeâtre par le brome mis en liberté; pour rassembler le brome, on ajoute de l'éther, et on agite le tube après l'avoir bouché avec le doigt; par le repos, l'éther se rassemble au haut du tube; il est coloré en rouge par le brome qu'il a dissous.

Fig. 74.

124. Bromures. — On emploie en médecine le bromure de

potassium, sel blanc, soluble dans l'eau; la photographie se sert du bromure de cadmium; elle utilise la sensibilité du bromure d'argent. Celui-ci est insoluble dans l'eau; il se forme, comme le chlorure, quand on jette du bromure de potassium dans le sel soluble d'argent; c'est un précipité blanc jaunâtre.

125. État naturel. — Le brome existe à l'état de bromure dans les eaux salées. On le retire des eaux-mères des marais salants, où M. Balard le découvrit en 1826.

IODE I=127.

126. Propriétés physiques. — L'iode, qui doit son nom à la couleur violette de sa vapeur, est un solide gris noirâtre, présentant presque l'éclat métallique, mais mauvais conducteur de la chaleur. Il fond quand on le chauffe et passe presque immédiatement à l'état de vapeurs violettes. Nous avons vu qu'on peut le sublimer.

Il est un peu soluble dans l'eau, qu'il colore en brun pâle. Il est plus soluble dans l'alcool avec lequel il donne un liquide brun foncé d'où l'eau le précipite (cette dissolution porte le nom de **teinture d'iode**). Son meilleur dissolvant est la benzine qu'il colore en violet. Comme la benzine n'est pas soluble dans l'eau et surnage sur ce liquide, on peut enlever à l'eau, par la benzine, l'iode que l'eau a dissous. On verse de l'eau dans un ballon où l'on a volatilisé de l'iode; l'eau se teinte à peine; on ajoute de la benzine qui reste au-dessus de l'eau; elle se colore immédiatement en violet.

Fig. 75.

127. Propriétés chimiques. — L'iode, comme le brome et comme le chlore, se combine facilement avec les métaux pour donner les **iodures** et avec l'hydrogène qui forme avec lui l'acide **iodhydrique**. Sa propriété la plus caractéristique, c'est de colorer en *bleu indigo* l'empois d'amidon refroidi. La chaleur fait disparaître cette coloration, mais le refroidissement la ramène.

On démontre sa facilité de combinaison avec les métaux, en remuant, dans de l'eau légèrement chauffée, de l'iode et de la limaille de fer; l'iode disparaît, le liquide est devenu une solution d'**iodure de fer**.

128. Iodures. — Les principaux de ces composés sont : l'iodure d'argent, précipité blanc jaunâtre, produit par l'action d'un iodure soluble sur le sel soluble d'argent : la photographie repose en grande partie sur la sensibilité de ce produit sous l'action de la lumière; l'iodure de fer et l'iodure de potassium, qui sont tous deux employés en médecine. Ce dernier sert souvent dans les laboratoires à produire les autres iodures insolubles, notamment celui de plomb qui est jaune et celui de mercure qui est rouge.

129. Reconnaître l'iode. — Si l'iode est libre, une goutte du liquide qui le contient suffit à colorer en *bleu* l'empois d'amidon. Si l'iode est combiné, comme dans l'iodure de potassium, il faut le rendre libre pour qu'il colore son réactif; on se sert pour cela de l'eau de chlore qui chasse l'iode (comme le brome) de ses combinaisons. On peut produire cette réaction sur l'iodure de fer fait ci-devant.

130. Usages. — L'iode est employé en dissolution alcoolique sous le nom de teinture d'iode comme vésicant; il attaque la peau et la colore en jaune. On le considère comme le meilleur des résolutifs des goîtres. Les iodures sont très-employés comme dépuratifs.

131. État naturel. — Nulle part on ne trouve ce corps à l'état de liberté; mais l'eau de la mer en contient de petites quantités. Les sources d'iode sont des plantes telles que les varechs, et des animaux marins tels que les raies et les morues. L'huile de foie de morue doit ses propriétés curatives aux iodures qu'elle contient. On extrait habituellement l'iode des eaux-mères des soudes de varechs qui donnent aussi le brome.

Il a été découvert en 1811 par Courtois.

FLUOR. — ACIDE FLUORHYDRIQUE. — GRAVURE DU VERRE.

132. Le fluor est un corps hypothétique que l'on suppose exister dans des produits naturels appelés **fluorures**, au même titre que le chlore dans les chlorures. On n'est pas encore parvenu à l'isoler.

133. Acide fluorhydrique. — Quand on traite le **spath-fluor** (fluorure de calcium) par l'acide sulfurique, on obtient un gaz que l'on a appelé acide fluorhydrique et qu'un refroidissement amène à l'état liquide. Ce liquide est incolore, très-acide, très-volatil, répandant à l'air d'épaisses fumées. Mis en contact avec l'eau, dans laquelle il ne faut le verser qu'avec précaution, il fait entendre le bruit d'un fer rouge qu'on y plongerait; la dissolution atténue ses propriétés.

Il faut éviter soigneusement son contact avec la peau, sur laquelle il produirait des brûlures douloureuses et difficiles à guérir, et ne pas s'exposer à ses vapeurs. Il attaque presque tous les corps; aussi ne peut-on le produire et le conserver que dans de vases de platine, de plomb ou de gutta-percha. Il corrode le verre, et c'est cette propriété remarquable qui le fait employer à la gravure.

134. Préparation. — On emploie une cornue munie d'un tube formant récipient, le tout en plomb; on y met le spath-fluor et l'acide sulfurique; on lute l'appareil et on chauffe légèrement. La panse du tube est entourée d'eau glacée; l'acide s'y rassemble; on le transvase dans un flacon de gutta-percha pour l'usage.

Fig. 76.

135. Gravure sur verre. — On grave sur verre blanc ou sur verre coloré, au moyen d'acide fluorhydrique en solution ou d'acide gazeux.

Dans chaque cas, on protége le verre par un vernis composé de 3 parties de cire et de 1 partie d'essence de térébenthine, et que l'on étend au pinceau en une couche uniforme sur l'objet à graver. On trace le dessin avec un stylet en mettant le verre à nu sous la pointe, et on expose l'objet à l'acide.

Fig. 77.

Si on veut opérer avec l'acide *liquide*, on met la dissolution d'acide sur les traits, et on la laisse agir plus ou moins de temps, suivant la profondeur que l'on veut donner aux traits. On lave l'objet à l'eau; on enlève le vernis en chauffant légèrement et on nettoie l'objet à l'essence. Les traits sont alors polis et presque transparents.

Fig. 78.

Avec l'acide gazeux, on mêle le spath-fluor et l'acide sulfurique dans une boite de plomb posée sur quelques charbons, sous une cheminée à fort tirage; on couvre la boite avec la plaque à graver, le dessin en dessous; au bout de quelques minutes, l'opération est terminée. Après le nettoyage, la plaque présente un dessin dont les traits sont mats et très-apparents.

Sur verre coloré, on peut produire, avec les verres doublés, c'est-à-dire dont le verre de couleur n'occupe qu'une des faces, ou bien des dessins blancs avec fond de couleur, ou bien des dessins de couleur sur fond blanc. Dans le premier cas, on enlève le vernis suivant le dessin; dans le deuxième, c'est le dessin qu'on laisse pour protéger le verre.

CHAPITRE XII.

SOUFRE S = 16.

136. Propriétés physiques. — Le soufre est un corps solide, d'une couleur jaune, à peu près inodore, d'une densité de 2. Il est mauvais conducteur de la chaleur et de l'électricité; quand on le tient à la main, il fait entendre un craquement qui est dû à l'inégale propagation de la chaleur, et quand on le frotte avec un morceau de laine il s'électrise fortement et attire les corps légers.

137. Action de la chaleur. — Quand on chauffe le soufre dans un ballon ou dans un creuset, il fond vers 110°; c'est alors un liquide transparent, jaune et fluide comme de l'huile; si on continue à chauffer, ce liquide brunit, s'épaissit, et à 220° il est aussi pâteux que du goudron épais; au-dessus de cette température, il redevient peu à peu liquide, mais il reste brun, et à 440° il se résout en vapeurs d'une très-belle couleur rouge orange.

La densité de cette vapeur a été prise à 1000°; on l'a trouvée égale à 2,2, c'est-à-dire 32 fois celle de l'hydrogène.

138. Refroidissement. — Si on laisse refroidir lentement la vapeur de soufre, ce corps repasse peu à peu par ses différents états et au-dessous de 110° redevient le solide jaune que nous connaissons.

La vapeur de soufre brusquement refroidie prend l'état solide sous forme d'une poussière jaune très-ténue : c'est la **fleur de soufre.**

Fig. 79.

Le soufre pâteux, coulé dans l'eau froide sous forme d'un mince filet, est élastique comme du caoutchouc : c'est le soufre **mou** ou **trempé**; il ne conserve pas longtemps cet état; il ne tarde pas à redevenir solide, dur et cassant.

Fig. 80.

Si on laisse refroidir, au-dessous de 110°, le creuset qui contient le soufre liquide, il se solidifie peu à peu; quand il s'est formé une croûte solide à la surface, on l'enlève, on vide ce qui reste de soufre liquide, et on trouve un magnifique lacis d'aiguilles jaunes enchevêtrées tapissant les bords du creuset : c'est le soufre **cristallisé par fusion.** Ces aiguilles ont la forme très-régulière d'un **prisme oblique à base de rectangle.**

139. Action des dissolvants. — L'eau ne dissout pas le soufre. L'éther, les essences, les huiles de houille le dissolvent en partie; mais son meilleur dissolvant est le sulfure de carbone. Toutefois le soufre ne disparaît jamais entièrement dans son dissolvant; il reste une partie insoluble que l'on appelle soufre **amorphe**, surtout quand le soufre a subi l'action de la chaleur et une trempe plus ou moins complète. Abandonnée à l'air dans une soucoupe, cette solution perd le dissolvant qui est très-volatil; le soufre, **cristallisé par évaporation**, se dépose sous forme **d'octaèdres** que l'on rapporte au *prisme droit à base de rectangle.*

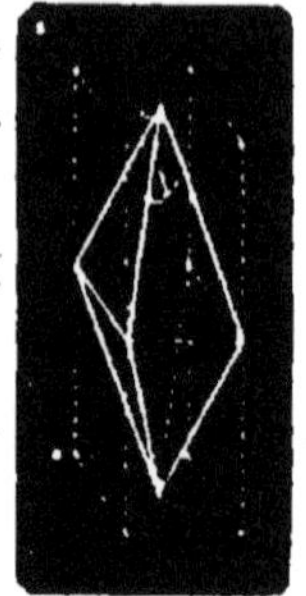

Fig. 81.

140. Dimorphisme. — Le soufre est donc capable de prendre, en cristallisant, deux formes régulières qui sont incompatibles, c'est-à-dire qui se rapportent à deux solides géométriques essentiellement différents; c'est cette propriété qu'on appelle *dimorphisme.*

141. Propriétés chimiques du soufre. — Le soufre est combustible; il brûle à l'air avec une petite flamme bleue peu visible, qui devient très-éclairante quand le soufre brûle dans l'oxygène. Le corps solide ne laisse pas de résidu en brûlant; sa combinaison avec l'oxygène est un gaz, **l'acide sulfureux.**

Dans ses autres réactions, le soufre *ressemble à l'oxygène;* il *brûle* les métaux, notamment le fer et le cuivre, pour donner avec eux des **sulfures** qui ont les plus grandes analogies chimiques avec les oxydes :

oxydes, MO,	oxyde de cuivre, CuO,
sulfures, MS,	sulfure de cuivre, CuS.

On prouve cette affinité du soufre pour les métaux en faisant chauffer ce corps dans un ballon jusqu'à production de vapeur, et en plongeant dans cette vapeur une spirale de fil de cuivre qui devient bientôt incandescente en se transformant en un sulfure noir. Nous avons déjà d'ailleurs produit cette combinaison du cuivre et du soufre et montré qu'elle dégage beaucoup de chaleur.

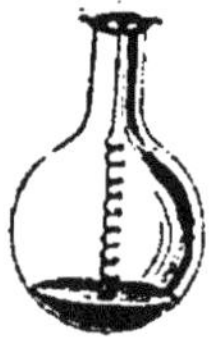

Nous avons également combiné le soufre et le fer en humectant d'eau chauffée le mélange de leur poudre. Nous réalisons la même combinaison en plongeant des barres de fer rougies dans un creuset de soufre fondu; elles s'y dissolvent comme un bâton de sucre de pomme dans l'eau, et le composé formé, le **sulfure de fer (FeS),** est un solide dur, d'une couleur brun noirâtre.

Fig. 82.

142. État naturel. — Le soufre se trouve en grande abondance dans la nature, soit à l'état de combinaisons, comme les sulfures métalliques qui sont très-répandus et dont les principaux portent le nom de **pyrites**, soit à l'état natif, en masses cristallisées, ou en masses agglomérées avec des terres. Cette dernière forme se rencontre aux bords des volcans, notamment en Sicile où l'on en exploite chaque année près de 200,000 tonnes.

143. Extraction. — Le soufre natif n'a besoin que d'être distillé. Cette opération se fait sur les lieux d'extraction dans une série de pots en terre placés sur deux rangées parallèles dans un long four. Le soufre distillé se condense à l'état liquide dans des pots semblables placés en dehors du four; on fait écouler le liquide dans des baquets pleins d'eau froide. Le soufre **brut** ainsi obtenu contient 3 p. °/₀ de matières étrangères.

Fig. 83.

On le raffine à Marseille en le distillant dans de grands cylindres d'où il s'écoule liquide sur une plaque de fonte fortement chauffée où il se résout en vapeurs. On envoie ces vapeurs dans de grandes chambres de briques. Si on arrête l'opération avant que la température des chambres de condensation soit arrivée à 110°, on recueille de la **fleur de soufre.** Si on la laisse continuer, les parois du condenseur s'échauffent, le soufre ruisselle liquide, se rassemble dans la partie déclive de la chambre; on le fait couler dans des moules de bois cylindro-coniques entourés d'eau; il se solidifie : c'est le **soufre en canons.**

144. Usages du soufre. — Le soufre est employé en grandes quantités pour le soufrage de la vigne, dans le but de détruire l'oïdium, petit champignon qui détruirait la grappe. Il entre dans la composition de la poudre. On s'en sert encore en France pour la préparation des allumettes, quoiqu'on l'ait remplacé avantageusement pour cet usage, en Angleterre et en Allemagne, par la paraffine. Sa fusibilité le fait employer à prendre des empreintes et à faire des scellements. Il est la base de la fabrication de l'acide sulfurique.

La France en consomme annuellement 25 millions de kilogrammes.

CHAPITRE XIII.

COMBINAISON DU SOUFRE AVEC L'HYDROGÈNE. — ACIDE SULFHYDRIQUE HS.

145. Propriétés physiques. — L'hydrogène sulfuré ou acide sulfhydrique est un gaz incolore qui répand l'odeur infecte des œufs pourris. C'est un poison violent quand il est introduit dans les voies respiratoires; un oiseau périt dans une atmosphère qui contient $\frac{1}{1500}$ de ce gaz. A l'état de dilution dans l'air, il produit un malaise accompagné de vertige; mais sa forte odeur avertit immédiatement de sa présence.

Il est un peu plus lourd que l'air; son poids est 17 fois le poids de l'hydrogène. Le litre de ce gaz pèse donc :

$$17 \times 0,0895 = 1,52.$$

Un litre d'eau dissout trois litres de gaz à la température ordinaire; aussi le recueille-t-on toujours sur une terrine d'eau et non sur la cuve. On a pu le liquéfier.

146. Propriétés chimiques. — L'hydrogène sulfuré est très-nettement acide; il rougit le tournesol; aussi l'appelle-t-on souvent acide **sulfhydrique**.

Il est **combustible**, s'enflamme au contact d'une bougie et brûle avec une flamme bleue. Ce fait pouvait se prévoir, l'hydrogène sulfuré étant formé de deux éléments combustibles.

Quand la *combustion est complète*, il se forme de l'eau et de l'acide sulfureux :

$$HS + O^3 = HO + SO^2.$$

On le démontre en allumant l'hydrogène sulfuré sec à l'extrémité d'un tube effilé; si on place un verre au-dessus du jet, il se couvre de buée d'eau condensée, et un papier bleu de tournesol placé au-dessus de la flamme y rougit immédiatement.

On réalise encore cette combinaison complète en mélangeant 2 parties de HS avec 3 parties d'O et en allumant le mélange; il y a une détonation due à la rentrée de l'air venant occuper la place des gaz formés et condensés.

147. Combustion incomplète. — Quand la quantité d'oxygène fournie au gaz sulfhydrique est insuffisante pour le brûler complétement, on comprend que c'est le plus combustible de ses deux éléments qui doit brûler; c'est en effet l'hydrogène qui brûle et le soufre se dépose. On le démontre en enflammant une éprouvette de gaz sulfhydrique : ses parois se couvrent d'un dépôt de soufre, l'air n'ayant pas eu un libre accès dans ce vase étroit.

Cette oxydation *lente* se produit sur le gaz sulfhydrique, par l'oxygène de l'air dissous dans l'eau, quand le gaz est conservé dans l'eau ordinaire; il y a peu à peu dépôt de soufre très-divisé qui donne à la solution un aspect laiteux.

$$HS + O = HO + S.$$

C'est pourquoi on emploie l'*eau bouillie* récemment pour faire les dissolutions de ce gaz que l'on veut conserver.

148. Oxydation en présence des corps poreux. — Si on expose à l'air, sous une grande surface, une dissolution de gaz sulfhydrique (par exemple en étendant un linge trempé dans la dissolution de HS), il se produit de l'acide sulfurique :

$$HS + O^4 = HOSO^3.$$

M. Dumas, à qui l'on doit cette expérience, s'en est servi pour expliquer la destruction rapide des rideaux des chambres de bains sulfureux.

149. Action sur les métaux et sur les solutions métalliques. — Le gaz sulfhydrique peut échanger son hydrogène contre un métal et former un **sulfure.** On fait l'expérience avec l'étain, le plomb et l'argent dont la surface noircit instantanément.

Le gaz sulfhydrique, en agissant sur la plupart des solutions métalliques, trouve à satisfaire ses deux affinités, celle de l'hydrogène qui donne de l'eau, et aussi celle du soufre qui forme un sulfure.

Son action sur un sel soluble de plomb est intéressante par le sulfure *noir* qu'elle forme instantanément; elle sert à constater la présence du gaz qui noircit un papier trempé dans de l'acétate de plomb.

Le gaz sulfhydrique n'a d'usage que dans les laboratoires, où l'on s'en sert pour précipiter les métaux à l'état de sulfures insolubles et les distinguer les uns des autres par leur couleur ou leur solubilité.

150. État naturel. — Il existe dans certaines eaux minérales, celles de Barèges, qui lui doivent leurs propriétés médicinales. Il s'en forme dans les fosses d'aisances par la décomposition des matières sulfurées; on sait que les émanations qui s'échappent de ces fosses noircissent l'argent et les peintures à base de plomb.

151. Préparation. — Pour l'obtenir, on attaque un sulfure métallique par un acide qui en échangeant son hydrogène contre le métal donne naissance au gaz que l'on recueille sur l'eau.

$$MS + HCl = MCl + HS.$$

On opère à froid, dans un flacon à deux tubulures, en employant le sulfure de fer et l'acide sulfurique.

Voici la réaction :

$$FeS + HOSO^3 = FeOSO^3 + HS.$$

CHAPITRE XIV.

COMPOSÉS OXYGÉNÉS DU SOUFRE.

Le soufre forme avec l'oxygène un assez grand nombre de composés dont les trois plus importants sont :

l'acide hyposulfureux, (SO) ou S^2O^2,
— sulfureux, SO^2,
— sulfurique, SO^3.

Le premier n'existe qu'en combinaison, c'est-à-dire dans les *hyposulfites* dont un est très-employé, l'hyposulfite de sodium. Les deux autres, surtout le dernier, offrent une importance de premier ordre.

ACIDE SULFUREUX SO^2.

152. Propriétés physiques. — C'est un gaz incolore, d'une odeur piquante et qui provoque la toux; chacun la connaît, puisque c'est l'odeur du soufre qui brûle.

Ce gaz est très-lourd; il pèse 32 fois plus que l'hydrogène; le poids du litre est :

$$32 \times 0,0895 = 2^{gr},86.$$

Il est très-soluble dans l'eau, comme on peut le démontrer en renversant sur l'eau une éprouvette de ce gaz; l'eau ne tarde pas à monter dans l'éprouvette.

On le liquéfie en le faisant passer dans un tube qui plonge dans un mélange réfrigérant capable de tenir la température inférieure à — 10° [1]. Le liquide obtenu est incolore, très-mobile; il repasse à l'état de gaz à — 10°; aussi faut-il le conserver dans des tubes fermés.

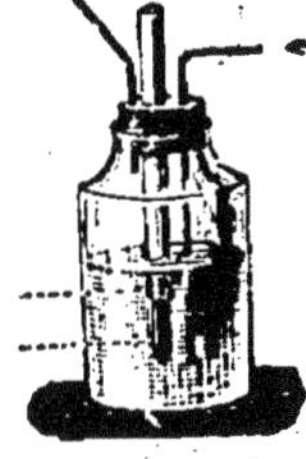

Fig. 84.

On s'en est servi pour obtenir de très-basses températures; on le fait traverser par un rapide courant d'air, il s'évapore vivement et se refroidit assez pour solidifier une petite quantité de mercure contenu dans un petit tube d'essai qu'on place au sein de l'acide sulfureux liquide (fig. 84).

133. Propriétés chimiques. — L'acide sulfureux ne brûle pas; il éteint les corps en combustion, qui deviennent alors plus difficiles à rallumer que s'ils avaient été plongés dans un autre gaz incombustible comme l'azote.

On le prouve en plongeant dans une éprouvette de gaz sulfureux un charbon bien allumé qui s'y éteint rapidement. On utilise cette propriété pour éteindre les feux de cheminées; on allume du soufre à l'entrée de la cheminée; l'acide sulfureux produit, entraîné par le rapide courant d'air, éteint, en montant, la suie enflammée.

134. Action de l'oxygène. — Puisque le soufre peut donner un composé plus oxygéné que l'acide sulfureux, il est vraisemblable d'admettre *à priori* que celui-ci pourra s'oxyder et donner de l'acide sulfurique. Cette oxydation n'a pas lieu avec l'oxygène sec, à moins qu'on ne fasse intervenir la chaleur et un corps poreux; mais l'oxygène humide la produit très-bien :

$$SO^2 + O + HO = SO^3HO.$$

Aussi ne peut-on faire la dissolution d'acide sulfureux que dans de l'eau privée d'air; dans de l'eau ordinaire, une portion de l'acide deviendrait de l'acide sulfurique.

L'acide sulfureux enlève l'oxygène combiné à certaines combinaisons qui cèdent facilement ce gaz. Tels sont les composés oxygénés de l'azote, que nous étudierons dans un des chapitres suivants; tel est aussi le bioxyde de plomb (appelé oxyde puce, à cause de sa couleur brune); projeté dans un flacon de gaz sulfureux, ce corps y blanchit immédiatement en dégageant beaucoup de chaleur; il se produit du sulfate de plomb :

$$SO^2 + PbO^2 = PbO,SO^3.$$

---

1. Un mélange de 2 p. de glace pilée avec 1 p. de sel marin.

155. Solution d'acide sulfureux. — L'acide en solution est bien plus oxydable que le gaz. Il dissout l'iode, en présence d'une grande quantité d'eau, en donnant une solution incolore d'acides iodhydrique et sulfurique.

$$I + 2HO + SO^2 = HOSO^3 + HI.$$

C'est un **réducteur** puissant; il décolore le permanganate de potassium. On fait l'expérience en versant la solution colorée en violet dans la solution d'acide sulfureux; la décoloration est instantanée. L'expérience est plus saisissante encore quand on verse la solution colorée dans un flacon de gaz sulfureux; elle tombe incolore dans ce flacon qui paraît vide.

L'acide sulfureux décolore beaucoup de substances végétales : les pétales de violettes, le vin, le jus de fruits, etc. La matière colorante n'est pas détruite; elle peut reparaître si on traite le corps par un acide fort qui chasse l'acide sulfureux. Sur un bouquet de violettes décolorées, l'ammoniaque produit une coloration vert foncé générale.

156. Usages de l'acide sulfureux. — On utilise sa puissance de décoloration pour le blanchiment de la laine et de la soie, qu'on ne peut blanchir au chlore. On brûle du soufre dans de grandes chambres appelées soufroirs, où l'on a suspendu les fils ou les tissus préalablement humectés d'eau. L'acide sulfureux se dissout dans cette eau, et sa solution agit sur la matière colorante, qu'elle désorganise. L'étoffe est lavée ensuite dans une eau alcaline qui enlève l'acide, puis après à grande eau.

Fig. 55.

On s'en sert aussi pour enlever les taches de fruits sur les étoffes. On mouille la tache; on la place au-dessus de l'extrémité ouverte d'un petit cône de carton formant cheminée, à l'entrée duquel on allume du soufre ou un paquet d'allumettes. L'acide produit se dissout dans l'eau qui imbibe la tache et l'enlève.

L'acide sulfureux est un destructeur des petits animaux qui engendrent la gale, et des germes organiques qui développent les moisissures sur les substances végétales ou l'acidité sur les vins; c'est la raison de son emploi, sous forme de mèches soufrées, pour le soufrage des tonneaux ou en fumigations pour guérir la gale.

157. Préparation. — Le moyen le plus simple de l'obtenir, c'est de brûler du soufre à l'air, et c'est en effet ainsi que procède l'industrie. Dans les laboratoires, il est plus commode de désoxyder l'acide sulfurique par un métal; on emploie le cuivre, ou de préférence le mercure, que l'on chauffe avec de l'acide sulfurique concentré dans un petit ballon. Il reste du sulfate de mercure[1].

Fig. 36.

$$Hg + \frac{SO^3}{SO^3} = HgOSO^3 + SO^2.$$

Si on veut obtenir une solution, on trouve plus économique

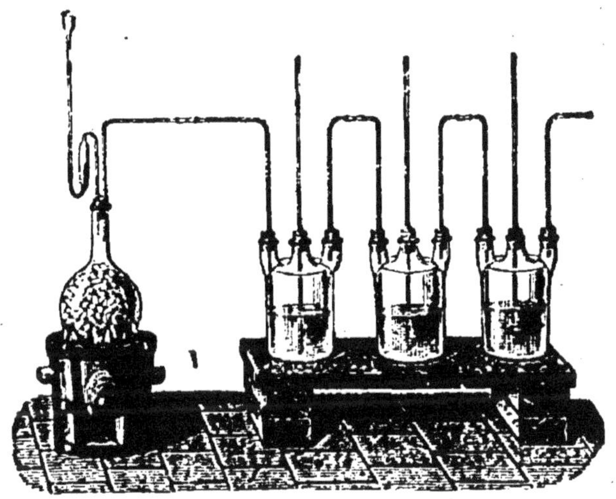

Fig. 37.

d'employer le charbon pour désoxyder l'acide sulfurique; il se dégage un mélange d'acide sulfureux et d'acide carbonique que l'on fait arriver dans une série de flacons de Woolff; l'acide carbonique est peu soluble; il n'en reste presque pas dans l'eau, qui dissout tout l'acide sulfureux :

$$\frac{SO^3}{SO^3} + C = CO^2 + 2(SO^2).$$

1. Le mercure s'appelait autrefois hydrargyrum.

ACIDE SULFURIQUE.

L'acide sulfurique se présente sous trois formes :

L'acide sulfurique anhydre,	SO^3;
— ordinaire,	$HOSO^3$;
— de Nordhausen,	$HOSO^3SO^3$.

158. Acide anhydre. — C'est un solide blanc formé de longs cristaux déliés et soyeux. On ne peut le conserver que dans un tube fermé, parce qu'il prendrait l'humidité de l'air et passerait à l'état d'acide sulfurique ordinaire.

Il n'a aucun usage. Il ne peut se combiner avec les oxydes pour donner des sels qu'autant qu'il s'est fixé auparavant les éléments de l'eau.

On l'obtient en distillant avec précaution de l'acide de Nordhausen.

159. Acide fumant ou de Nordhausen. — C'est un liquide oléagineux, fumant à l'air, ordinairement un peu brun, qu'on connaît sous ce nom à cause du lieu de sa fabrication. Il est obtenu en distillant le vitriol vert, que l'on a d'abord desséché. L'opération se fait dans le Harz et en Bohême; le vitriol vert desséché est chauffé dans des cornues en grès emmanchées dans des récipients de même matière; il distille de l'acide anhydre dont les vapeurs se condensent dans l'acide ordinaire placé dans les récipients et se combinent avec lui pour donner le corps

Fig. 83.

$$HOSO^3,SO^3.$$

L'acide fumant n'est employé que pour dissoudre l'indigo; les teinturiers le préfèrent pour cet usage à l'acide ordinaire.

ACIDE SULFURIQUE ORDINAIRE $HOSO^3$.

160. Propriétés physiques. — L'acide sulfurique ordinaire est un liquide incolore et inodore, d'apparence huileuse (on l'appelle encore parfois *huile de vitriol*).

Il est très-lourd, sa densité est de 1,84 à 15°, ce qui donne 1840 grammes pour le poids du litre.

Il bout à 325° et peut par conséquent être distillé. Cette opération exige quelques précautions. Si on chauffait l'acide sulfurique dans une cornue de verre, comme on chauffe l'eau ou tout autre liquide non visqueux, les bulles de vapeurs formées au fond de la cornue, au-dessous d'un liquide lourd, projetteraient violemment le liquide, et celui-ci en retombant pourrait faire briser la cornue. Il faut donc éviter la production de ces soubresauts; on y arrive en ne chauffant la cornue que par le pourtour, et pour cela on la place sur une grille en forme de gouttière circulaire, ou bien encore en mettant avec l'acide dans la cornue des morceaux de pierre ponce ou quelques bouts de fils de platine. Dans tous les cas, il est prudent d'entourer la cornue d'un cylindre ou d'un dôme en tôle qui empêche le refroidissement brusque de la partie supérieure.

Fig. 89.

161. Propriétés chimiques. — L'acide sulfurique est un acide très-énergique; étendu de mille fois son volume d'eau, il colore encore la teinture de tournesol en un rouge pelure d'oignon intense.

Une température élevée le décompose en eau, acide sulfureux et oxygène.

$$HOSO^3 = HO + SO^2 + O.$$

M. Deville a fondé sur cette propriété un procédé économique de préparation de l'oxygène. Il fait tomber goutte à goutte de l'acide sulfurique dans une cornue contenant des fragments de briques et fortement chauffée; la réaction ci-dessus s'opère; les trois gaz dégagés passent dans un laveur où les deux premiers se dissolvent, et on peut recueillir l'oxygène dans un gazomètre.

162. Action de l'eau. — L'acide sulfurique a pour l'eau une grande affinité; il se combine avec elle en plusieurs proportions pour donner des **hydrates** définis, dont l'un contient l'acide monohydraté auquel s'est fixé un équivalent d'eau :

$$HOSO^3 + HO.$$

Dans presque tous les cas, cette combinaison dégage beaucoup de chaleur. Ainsi, quand on mêle 4 parties d'acide avec 1 partie d'eau, la température du mélange est de plus de 100°; aussi ne faut-il faire cette expérience qu'avec précaution, et verser l'acide dans l'eau en mince filet, et en agitant constamment. Si on renverse le rapport et qu'on

Fig. 90.

emploie de la glace au lieu d'eau, 1 partie d'acide et 4 parties de glace pilée ou de neige, on produit un notable abaissement de la température qui peut aller jusqu'à — 25° en employant 3 parties de l'hydrate cristallisé de l'acide avec 8 parties de glace.

L'acide sulfurique attire rapidement l'humidité de l'air et peut, dans un vase ouvert, doubler de poids en quelques jours; aussi est-il souvent employé comme agent desséchant. On place l'acide dans un vase large; sur un trépied, la substance à dessécher; on couvre le tout d'une cloche rodée reposant sur une plaque polie; l'acide dessèche l'air emprisonné et la substance. Quand on veut dépouiller un gaz de l'humidité qu'il contient, par exemple l'air de sa vapeur d'eau, on fait passer le gaz dans un tube en U contenant de la pierre ponce qui a bouilli avec de l'acide sulfurique.

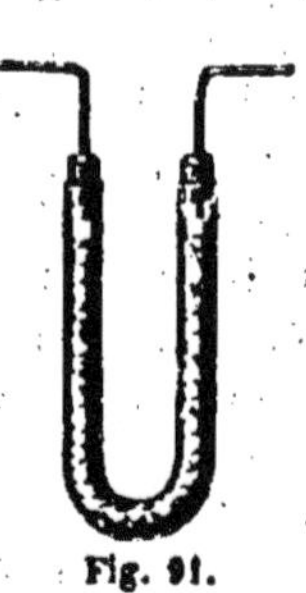
Fig. 91.

L'acide sulfurique **charbonne** le bois parce qu'il lui enlève de l'eau.

Il brunit à l'air parce qu'il carbonise les poussières qui y tombent. C'est un caustique violent, qui désorganise rapidement les membranes qu'il touche.

103. Action des métalloïdes. — Tous les métalloïdes qui s'unissent directement à l'oxygène peuvent décomposer l'acide sulfurique; ainsi le charbon, chauffé avec l'acide sulfurique, produit du gaz sulfureux et du gaz carbonique.

$$2(HOSO^3) + C = 2HO + 2SO^2 + CO^2.$$

Le soufre et le phosphore agissent d'une façon analogue.

104. Action des métaux. — Le zinc et le fer, attaqués par l'acide sulfurique étendu, se substituent à l'hydrogène qui se dégage; il reste du sulfate de zinc ou de fer,

$$Fe + HOSO^3 = FeOSO^3 + H,$$
$$Zn + HOSO^3 = ZnOSO^3 + H.$$

La réaction est très-peu intense avec l'acide concentré, probablement parce qu'il manque l'eau nécessaire à la dissolution et à l'hydratation du sulfate formé.

C'est la réaction qu'on utilise habituellement pour préparer l'hydrogène.

Le cuivre, le plomb, le mercure, l'argent attaquent l'acide concentré, dégagent de l'acide sulfureux et forment des sulfates.

$$Cu + 2(HOSO^3) = CuOSO^3 + 2HO + SO^2.$$

C'est la réaction qui nous a servi à préparer l'acide sulfureux.

105. Action des oxydes. — L'acide sulfurique se combine aux oxydes avec un dégagement de chaleur qui peut aller jusqu'à l'incandescence. Ainsi, quand on le verse sur de l'oxyde de baryum, celui-ci devient rouge. Il y a production de *sulfate de baryum*, à peu près complétement insoluble.

Fig. 92.

Le même corps se produit toutes les fois qu'on verse de l'acide sulfurique dans un sel soluble de baryum; c'est un précipité blanc qui caractérise l'acide, et qui sert à en reconnaître facilement et très-promptement la présence dans un liquide.

Si on verse dans de la potasse (oxyde de potassium) ou dans de l'ammoniaque, colorée en bleu par du tournesol, peu à peu, de l'acide sulfurique, on obtient un liquide qui n'a plus d'action ni sur le tournesol bleu ni sur le tournesol rouge : c'est un sulfate; l'acide a saturé et **neutralisé** la base. On met en évidence la combinaison formée en évaporant le liquide; il se dépose un sel cristallisé; et, dans le cas où l'on a opéré avec l'ammoniaque, ce sel solide est le produit de la combinaison de deux corps que l'on pouvait auparavant réduire l'un et l'autre complétement en vapeur.

L'acide sulfurique donne deux sulfates avec le même métal.

106. Usages. — Les usages de l'acide sulfurique sont très-nombreux. Nous venons de voir qu'il sert à la préparation du chlore, du brome, de l'iode, aussi de l'acide chlorhydrique et de l'hydrogène. Nous lui trouverons beaucoup d'autres emplois, notamment pour préparer les autres acides; c'est sans contredit celui de tous les composés chimiques qui sert le plus, non pas seulement dans les laboratoires, mais surtout dans l'industrie.

Il nous suffira, pour donner une idée de son importance, d'ajouter que la France en fabrique annuellement 70 millions de kilogrammes, et qu'une usine des environs de Glascow en produit journellement 40000 kilogrammes.

107. État naturel. — Il existe aux environs des volcans, dans certains torrents qui descendent des Cordillères, notamment dans le Rio-Vinagre qui en charrie annuellement plusieurs millions de kilogrammes. Ses combinaisons sont très-répandues dans la nature.

168. Préparation. — On ne prépare pas l'acide sulfurique dans les laboratoires; l'industrie le livre à très-bon marché, en le produisant sur une grande échelle et d'une manière continue, par un procédé dont les résultats approchent aussi près que possible de ceux qu'indique la théorie.

Le principe est très-simple : fournir à l'acide sulfureux de l'oxygène et de l'eau, pour qu'il devienne de l'acide sulfurique :

$$SO^2 + O + HO = HOSO^3.$$

Nous avons vu que la solution d'acide sulfureux se transforme peu à peu en acide sulfurique sous l'influence de l'air; mais cette oxydation est bien trop lente pour qu'on puisse avantageusement l'employer dans la pratique. Il a donc fallu chercher un corps qui cède facilement son oxygène et de plus soit capable d'en reprendre à l'air pour se reformer sans cesse, de sorte qu'en fin de compte ce soit l'oxygène de l'air qui serve à oxyder l'acide sulfureux et à le transformer en acide sulfurique. On a trouvé ce transformateur, cet utile intermédiaire, dans l'acide azotique et en général dans les composés oxygénés de l'azote.

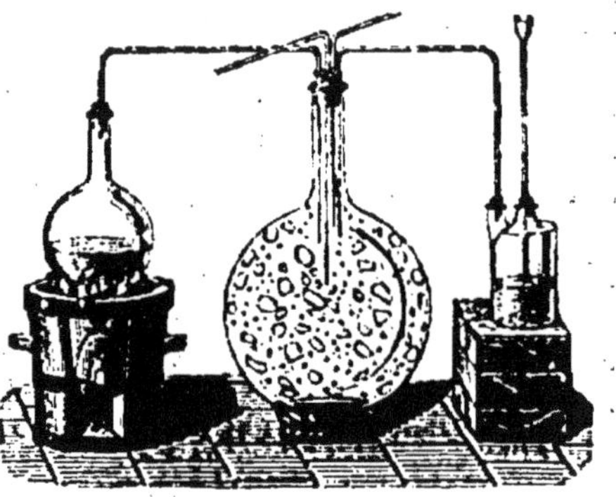

Fig. 93.

On réalise en petit cette fabrication en envoyant dans un grand ballon de 15 litres, qui contient un peu d'eau légèrement chauffée, de l'acide sulfureux, de l'air et un composé de l'azote; on trouve dans l'eau du ballon de l'acide sulfurique, que l'on constate par le précipité blanc qu'il donne avec un sel soluble de baryum. Mais cet appareil n'a qu'un intérêt de curiosité, et il ne donne aucune idée des grands appareils industriels.

169. Appareils industriels. — Ils comprennent deux parties :

1° Les fours où l'on produit l'acide sulfureux, souvent l'acide azotique et la vapeur d'eau ;

2° Les grandes chambres toutes de plomb où s'accomplit la transformation de l'acide sulfureux en acide sulfurique et qui sont de beaucoup la partie la plus volumineuse des appareils.

170. Fours. — Longtemps on a brûlé du soufre pour obtenir l'acide sulfureux; aujourd'hui, on brûle des **pyrites**, pierres et poussière d'un jaune bleuâtre qu'on trouve sous forme de minerai, notamment à Chessy près de Lyon, et qui, calcinées sous l'influence d'un courant d'air chaud, donnent beaucoup de gaz sulfureux. Une portion de la chaleur du foyer sert à produire la vapeur d'eau et souvent aussi l'acide azotique que l'on envoie alors sous forme de gaz dans les chambres.

171. Chambres. — Les chambres se composent d'une charpente supportant les feuilles de plomb soudées les unes aux autres avec du plomb, de manière que les gaz et l'acide formé ne se trouvent en contact qu'avec ce métal. On en montait jusqu'à six autrefois pour constituer un appareil; on n'en fait plus que deux grandes, souvent même une seule séparée en deux par une cloison, et on en trouve qui mesurent jusqu'à 100 mètres de longueur; avec leur largeur de 6 mètres et leur hauteur de $6^m,50$, elles jaugent donc près de 4000 mètres cubes. Le fond de la chambre forme cuvette; les parois y tombent en rideau, plongent dans l'acide et réalisent une fermeture hydraulique.

Fig. 94.

Les gaz qui en sortent contiennent encore des produits oxygénés de l'azote que l'on recueille d'après les conseils de Gay-Lussac. On les fait monter dans une grande colonne remplie de morceaux de coke sur lesquels coule de haut en bas de l'acide sulfurique qui dissout ces gaz.

La chambre est précédée d'une tour analogue où l'on envoie l'acide sulfureux venant des fours et où l'on fait tomber peu à peu l'acide recueilli au bas de la colonne qui termine l'appareil. De cette manière, le gaz sulfureux, trop chaud pour accomplir son oxydation, se refroidit avant d'entrer dans la chambre; de plus, il enlève à l'acide qui tombe les composés de l'azote dont ce liquide est chargé et en même temps le concentre un peu en l'échauffant.

Ainsi un appareil moderne comprend une très-grande chambre, ou deux au plus, précédée et suivie d'une tour ou colonne à condensation, la première pour refroidir les gaz qui vont réagir les uns sur les autres, la dernière pour arrêter au passage et recueillir les composés de l'azote qui ont échappé à la réaction.

172. Concentration. — L'acide que l'on retire marque 51° à 52° à l'aréomètre de Baumé. Pour le livrer au commerce, il faut le concentrer et l'amener à marquer 66° Baumé. Cette concentration s'opère dans des bassines de plomb, jusqu'à ce que l'acide marque 62° Baumé. (Si on dépassait ce point, l'acide attaquerait notablement le plomb.) On achève la concentration dans des appareils en verre ou dans des cornues en platine. Ces dernières sont d'un prix très-élevé et s'usent encore assez promptement; les cornues de verre ont contre elles d'exiger beaucoup de précautions pour éviter qu'elles ne se cassent pendant la distillation de l'acide.

CHAPITRE XV.

COMPOSÉS DE L'AZOTE. — AMMONIAQUE AzH^3.

L'azote et l'hydrogène libres ne s'unissent que difficilement; mais ils se combinent quand ils sont tous deux à l'état naissant; ils forment l'ammoniaque, dont le symbole chimique est AzH^3.

173. Propriétés physiques. — C'est un gaz incolore, d'une odeur vive, saisissante, qui provoque les larmes, d'une saveur âcre et urineuse.

Sa densité est 0,59 par rapport à l'air, et 8,5 par rapport à l'hydrogène.

Le poids du litre est donc :

$$8,5 \times 0,0895 = 0^{gr},761.$$

Ce gaz est très-soluble dans l'eau ; un litre d'eau dissout 700 à 800 litres de gaz ammoniac. On prouve cette solubilité par deux expériences :

Fig. 95.

Première expérience. — On recueille une éprouvette d'ammoniaque sur le mercure et on l'apporte sur une soucoupe dans une terrine d'eau ; quand on soulève un peu l'éprouvette, l'eau s'y précipite avec une telle force que l'éprouvette est brisée; on la tient avec un linge mouillé pour se préserver des éclats.

Deuxième expérience. — On recueille l'ammoniaque dans un flacon renversé; quand il est plein de gaz, on le bouche avec un bouchon traversé d'un tube effilé à une de ses extrémités. On dispose le flacon sur un support au-dessus d'un vase d'eau, comme l'indique la figure 96, et on brise l'extrémité du tube; l'eau monte vivement sous forme de jet d'eau dans le flacon.

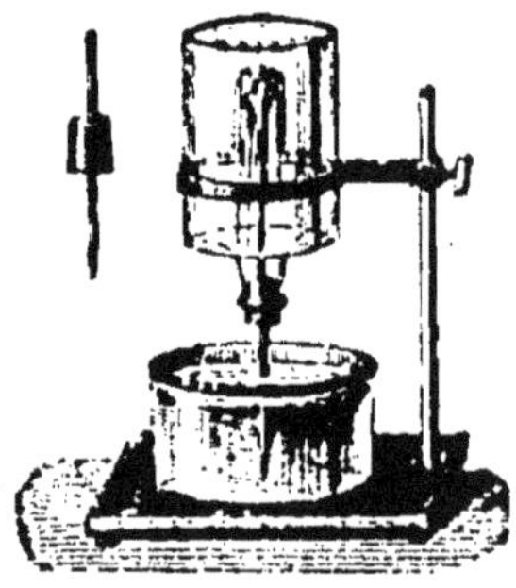
Fig. 96.

La dissolution d'ammoniaque abandonnée à l'air ou chauffée perd peu à peu le gaz qu'elle contient.

On a pu liquéfier l'ammoniaque par l'action du froid et de la pression et utiliser ce liquide comme moyen de refroidissement dans l'appareil Carré à fabriquer artificiellement la glace.

174. Action de la chaleur. — La chaleur sépare les deux

gaz qui forment l'ammoniaque, et double leur volume. Ils s'étaient donc contractés pour former le composé.

L'étincelle électrique produit le même effet que la chaleur.

175. Propriétés chimiques. — Quand on plonge une bougie allumée dans une éprouvette d'ammoniaque, elle s'éteint sans enflammer le gaz.

Mais ce gaz brûle en présence de l'oxygène. On mélange parties égales d'oxygène et d'ammoniaque dans une éprouvette sur le mercure; si on approche une allumette de l'orifice de l'éprouvette,

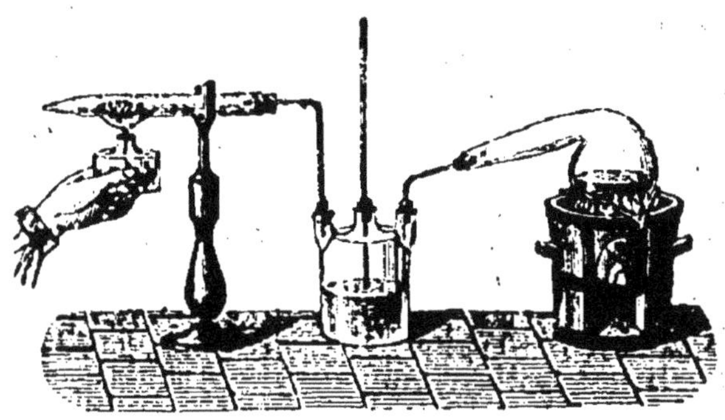

Fig. 97.

y a inflammation et détonation; il se forme de l'azote et de l'eau.

$$AzH^3 + 3O = Az + 3HO.$$

On rend la combustion plus complète en faisant passer un courant d'oxygène dans de l'ammoniaque concentrée et ensuite dans un tube contenant de la mousse de platine chauffée; il sort du tube de l'acide azotique, comme on le constate en présentant au jet de gaz un papier bleu de tournesol : le papier rougit.

$$AzH^3 + 8O = AzO^5, 3HO.$$

Au contact des corps poreux, ou des corps qui condensent les gaz, comme le platine, l'oxydation de l'ammoniaque s'effectue encore à froid et donne un sel, l'azotite d'ammonium.

$$2(AzH^3) + 6O = AzH^4O, AzO^3 + 2HO.$$

On suppose que les azotates du sol, et en particulier le salpêtre, sont dus à ces deux réactions.

176. Action des acides sur la dissolution d'ammoniaque. — L'ammoniaque est une base forte; elle bleuit fortement le tournesol rouge.

Elle neutralise les acides et donne des sels que l'on peut obtenir cristallisés. On fait l'expérience en versant peu à peu de l'ammoniaque dans de l'acide azotique; on arrive rapidement à la saturation.

Si on verse de l'acide sulfurique dans de l'ammoniaque, la réaction est très-vive, la chaleur dégagée très-grande; il s'échappe des vapeurs, et une partie du liquide est projetée. Si on étend d'eau l'acide et la base, la réaction est calme; le sel se forme et on le fait cristalliser par évaporation.

Nous avons vu l'action de l'ammoniaque sur l'acide chlorhydrique et le parti qu'on en tire pour constater la présence d'un de ces deux corps au moyen de l'autre.

Dans ses combinaisons avec les acides, l'ammoniaque prend une molécule d'eau; c'est donc le corps AzH^3HO qui joue le rôle de base; on l'écrit souvent AzH^4O, et sous cette forme elle a, dans ses réactions avec les acides, la plus grande analogie avec la potasse. Celle-ci donne avec l'acide chlorhydrique :

$$KO + HCl = HO + KCl \quad \text{(chlorure de potassium);}$$

avec l'acide sulfurique :

$$KO + HOSO^3 = HO + KOSO^3 \quad \text{(sulfate de potassium).}$$

L'ammoniaque donne de même :

$$AzH^4O + HCl = HO + AzH^4Cl \quad \text{(chlorure d'ammonium),}$$
$$AzH^4O + HOSO^3 = HO + AzH^4OSO^3 \quad \text{(sulfate d'ammonium).}$$

177. Usages. — La solution d'ammoniaque est employée en médecine comme caustique contre les piqûres de mouches. Quelques gouttes prises à l'intérieur dans un verre d'eau constituent un moyen de combattre l'ivresse; on en fait avaler aux animaux atteints de météorisme; elle agit alors en absorbant les gaz accumulés dans le tube intestinal. Injectée dans une enceinte contenant de l'acide carbonique, elle absorbe le gaz et rend abordable l'accès de cet espace plein de gaz nuisible.

L'industrie l'utilise dans la préparation de quelques couleurs de cochenille et dans l'apprêt des perles fausses.

C'est un réactif fréquemment employé dans les laboratoires.

178. État naturel. — L'ammoniaque se forme à l'état de sels dans la décomposition des matières azotées, que cette décomposition se produise lentement à froid, comme dans la putréfaction des urines, ou qu'elle ait lieu par l'action de la chaleur, comme dans la distillation des houilles pour obtenir le gaz d'éclairage, ou comme dans la calcination de la fiente des chameaux qui était autrefois la seule source du chlorure d'ammonium.

179. Préparation. — Pour avoir l'ammoniaque, à l'état de gaz ou en dissolution, dans les laboratoires ou dans l'industrie, on chauffe un sel ammoniacal, ordinairement le **chlorure**, avec de la chaux; cette dernière base déplace l'ammoniaque; celle-ci est volatile, elle se dégage et on la recueille.

La réaction est très-nette :

$$AzH^4Cl + CaO = CaCl + HO + AzH^3;$$

il reste dans le ballon du chlorure de calcium et de l'eau.

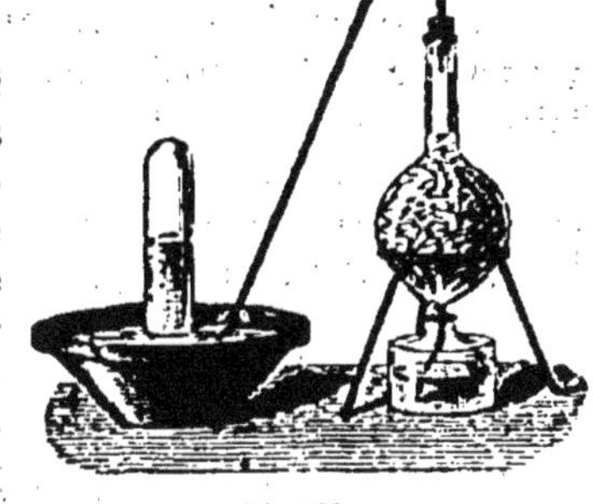

Fig. 98.

1° *On veut avoir l'ammoniaque à l'état de gaz.* — On chauffe dans un petit ballon un mélange de 1 partie de sel ammoniac en poudre et de 2 parties de chaux vive; on ajoute une couche de chaux pour arrêter l'eau que le gaz entraîne, et on recueille sur le mercure, ou par déplacement d'air.

2° *En solution.* — On remplace la chaux vive par un lait de chaux. Le ballon est mis en communication avec une série de flacons à trois tubulures dont le premier est destiné à laver le gaz et contient peu d'eau.

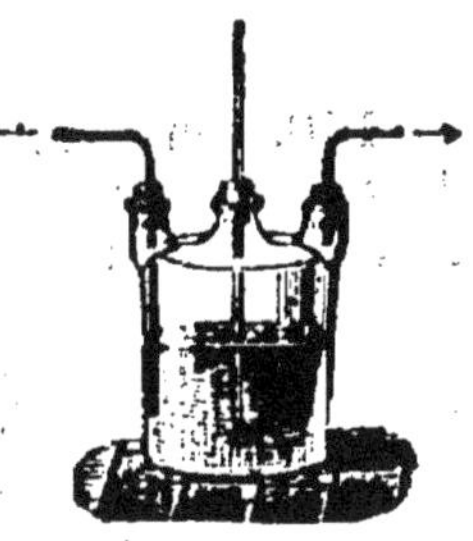

Fig. 99.

Les autres sont aux deux tiers pleins d'eau et au besoin refroidis. Les tubes qui amènent le gaz dans chacun doivent plonger jusqu'au fond des flacons, parce que la solution d'ammoniaque est plus légère que l'eau; de cette manière, le gaz est toujours en contact avec les parties les moins saturées.

3° *Dans l'industrie.* — On emploie les eaux de condensation des

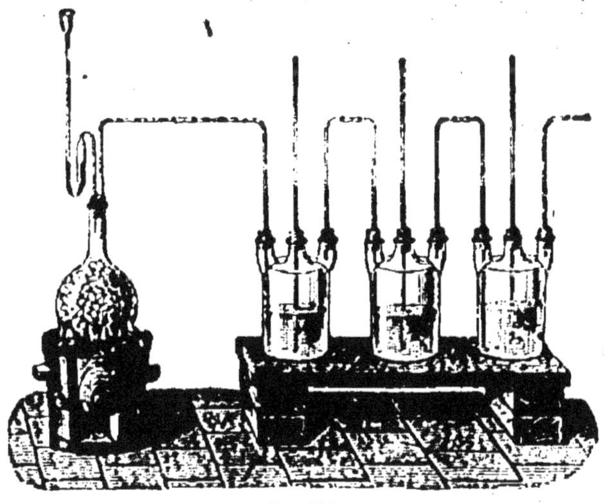

Fig. 100.

usines à gaz, les urines putréfiées, les eaux-vannes des dépôts de vidange. On les distille avec de la chaux dans une série de chaudières disposées de manière que le produit gazeux qui se dégage de la première aille se condenser dans la seconde. Le gaz passe ensuite dans une série de serpentins, puis finalement dans l'eau si l'on veut avoir de l'ammoniaque, ou dans des acides étendus si l'on veut faire directement des sels ammoniacaux.

L'ammoniaque caustique du commerce, appelée *alcali volatil*, est parfois colorée en jaune. Pour la purifier, on la distille avec de la chaux dans l'un des appareils décrits ci-dessus.

CHAPITRE XVII.

COMPOSÉS OXYGÉNÉS DE L'AZOTE.

180. On connaît cinq composés de l'azote avec l'oxygène, dont deux sont neutres et les trois autres à réaction acide; voici leurs formules :

AzO, protoxyde d'azote;
AzO^2, bioxyde d'azote;
AzO^3, acide azoteux;
AzO^4, acide hypoazotique;
AzO^5, acide azotique.

Ils offrent un remarquable exemple de la **loi des proportions multiples**; le même poids d'azote, $Az = 14$ grammes, se combine avec des poids du même corps, l'oyxgène, qui sont **multiples** les uns des autres : 8, 16, 24, 32, 40 grammes.

Trois d'entre eux vérifient les lois de Gay-Lussac sur les combinaisons des gaz.

2 vol. d'azote	et	1 vol. d'oxygène	forment	2 vol.	de protoxyde d'azote;
2	—	2	—	4	— de bioxyde d'azote;
2	—	4	—	4	— d'acide hypoazotique.

La propriété commune de ces corps, c'est de se décomposer facilement par la chaleur.

L'acide azotique peut être considéré comme le générateur des autres; c'est lui que nous allons d'abord étudier.

ACIDE AZOTIQUE.

Le composé que nous avons figuré par la formule AzO^5 et que nous appelons acide azotique anhydre ne s'obtient que difficilement et il est très-instable.

Mais quand il a fixé de l'eau, qu'il est devenu l'acide azotique **hydraté**, il se conserve très-bien et constitue, sous cette forme, l'acide fort que nous appelons **acide azotique** ou **nitrique** ou encore **eau-forte** et qui est d'un emploi fréquent dans les laboratoires.

181. Acide azotique hydraté. — L'acide le plus concentré possible a pour formule AzO^5HO; on le dit **monohydraté** ou encore **fumant** parce qu'il répand des vapeurs à l'air. C'est un liquide incolore quand il est pur, souvent coloré en brun rouge par des vapeurs d'acide hypoazotique qui lui donnent une odeur particulière. Sa densité est 1,52.

Il bout à 86°, et cette température suffit déjà à le décomposer; il se produit des vapeurs rutilantes, et l'eau provenant de l'acide décomposé se combine à l'acide restant pour en élever peu à peu le point d'ébullition jusqu'à 123°. A partir de ce point, le thermomètre reste stationnaire, le produit passe à la distillation; c'est alors l'acide à 4 équivalents d'eau $AzO^5 4HO$ dont la densité est 1,42. Ce même hydrate prend naissance quand on distille de l'acide azotique étendu; il passe d'abord de l'eau plus ou moins acide; le thermomètre monte peu à peu de 100° à 123° où il reste stationnaire; à ce moment, l'acide qui bout dans la cornue est l'acide $AzO^5 4HO$.

L'acide monohydraté AzO^5HO est aussi décomposé par la lumière qui le colore en jaune orangé. A la température du rouge blanc, sa vapeur se résout en ses éléments.

182. Propriétés chimiques. — Presque tous les métalloïdes sont attaqués par l'acide azotique concentré, qui leur cède facilement de l'oxygène. Il entretient avec vivacité la combustion d'un charbon allumé qu'on présente à sa surface. L'hydrogène le décompose, et, après lui avoir pris son oxygène pour former de l'eau, il peut se combiner à l'azote et produire de l'ammoniaque; la réaction complète est la suivante :

$$AzO^5HO + 8H = AzH^3 + 6HO.$$

On produit cette transformation en faisant passer de l'hydrogène mélangé de vapeurs d'acide azotique sur de la mousse de platine légèrement chauffée; un papier rouge de tournesol présenté à l'extrémité du tube prend la couleur bleue que lui donne l'alcali.

Fig. 101.

L'acide azotique cède de l'oxygène à l'acide sulfureux et le transforme en acide sulfurique, avec dégagement de vapeurs rutilantes.

$$SO^2 + AzO^5HO = SO^3HO + AzO^4.$$

On fait l'expérience en versant quelques gouttes d'acide azotique fumant dans une éprouvette de gaz sulfureux; on voit la production de vapeurs rougeâtres, et on constate la formation d'acide sulfurique par un sel soluble de baryte.

Le phosphore est oxydé par l'acide azotique; la réaction, un peu aidée par la chaleur, est très-vive : il se dégage d'abondantes vapeurs rutilantes.

183. Action des métaux. — Tous les métaux, excepté l'or et le platine, décomposent l'acide azotique; les produits formés dépendent du métal et surtout du degré de concentration de l'acide. L'étain, traité par l'acide azotique, donne une poudre blanche d'oxyde d'étain et il se dégage des vapeurs rutilantes :

$$Sn + 2(AzO^5HO) = SnO^2 + 2AzO^4 + 2HO.$$

Le cuivre, le plomb, le mercure, l'argent forment des azotates, avec dégagement de vapeurs d'acide hypoazotique dans un vase ouvert et de bioxyde d'azote dans un vase fermé.

Le zinc désoxyde plus complétement l'acide azotique, et il se dégage du protoxyde d'azote; la réaction est complexe, il se produit de l'azotate d'ammonium en même temps que de l'azotate de zinc.

184. Fer passif. — Le fer est attaqué avec énergie par l'acide azotique étendu. Ce métal, bien décapé, plongé dans de l'acide azotique monohydraté, n'y subit aucune attaque; si alors on le plonge dans l'acide étendu, l'attaque n'a plus lieu; on dit que le fer est devenu **passif**; il cesse de l'être quand on le touche avec du cuivre ou même du fer non passif et il est attaqué avec une grande énergie.

185. Eau régale. — L'acide azotique ne dissout pas l'or, ni l'acide chlorhydrique non plus; et un mélange des deux acides dissout parfaitement ce métal.

C'est ce mélange qu'on appelle **eau régale**; on le compose le plus souvent avec 4 parties d'acide chlorhydrique et 1 partie d'acide azotique. Le liquide, qui au premier moment est incolore, devient peu à peu d'un jaune orange; il s'y forme du chlore et des chlorures d'azote très-actifs sur l'or et le platine.

186. Action de l'acide azotique sur les matières organiques. — L'acide azotique attaque presque toutes les matières organiques, quelques-unes même avec violence, ainsi l'essence de térébenthine qu'il enflamme. Il transforme le coton en une poudre très-inflammable, le **coton-poudre**. Il colore en jaune la laine et la soie; il tache la peau et peut désorganiser les tissus; aussi est-il un poison violent.

Il décolore l'indigo. Cette réaction peut servir à déceler sa présence.

187. Usages. — Il sert à préparer l'acide sulfurique, l'eau régale, les azotates, le coton-poudre. On l'emploie pour teindre la soie en jaune. C'est avec lui qu'on grave le cuivre.

188. Préparation. — On le tire de l'azotate de potassium (salpêtre) ou de l'azotate de sodium (ce dernier doit être préféré parce qu'il est moins cher et qu'à poids égal il donne plus d'acide que le premier), en attaquant le sel par l'acide sulfurique. On introduit le sel dans une cornue; puis on y verse l'acide sulfurique à l'aide d'un tube à entonnoir pour éviter de mouiller les parois du col de la cornue d'acide sulfurique qui se mêlerait à l'acide azotique distillé. On engage le col de la cornue dans une ballon que l'on dispose de manière à ce qu'il soit facile de le refroidir, et on chauffe la cornue. Le commencement de l'opération s'annonce par des vapeurs rutilantes qui remplissent l'appareil; peu à peu ces vapeurs disparaissent; l'acide distille en vapeurs incolores qui se condensent dans le ballon refroidi. La fin de l'opération est annoncée par la réapparition des vapeurs rouges et le boursouflement de la masse fondue.

Fig. 102.

Fig. 103.

La théorie de l'opération est simple; l'acide azotique, volatil à

Fig. 104.

la température de 120°, a fait double échange avec l'acide sulfurique et s'est dégagé; plus simplement, l'H de l'acide sulfurique a changé de place avec le métal.

$$KOAzO^5 + HOSO^3 = KOSO^3 + HOAzO^5.$$

C'est l'acide fumant qu'on obtient ainsi.

Dans l'industrie, la réaction est la même (on emploie toujours l'azotate de sodium). La cornue est remplacée par une grande chaudière de fonte munie d'une tubulure sur laquelle on monte une allonge de verre qui permet de juger quand l'opération est terminée. Les vapeurs acides vont se condenser dans une série de bouteilles de grès mises à la suite les unes des autres et lutées avec de l'argile.

On consomme en France annuellement 5 millions de kilogrammes d'acide azotique.

ACIDE HYPOAZOTIQUE AzO^4.

Ce composé, appelé encore vapeurs **nitreuses** ou **rutilantes**, se présente sous forme d'un gaz rouge brun, ou sous la forme d'un liquide jaune brun, très-volatil, se réduisant complétement en vapeur à 22°.

Il se forme dans un grand nombre de circonstances, notamment dans l'attaque à l'air des métaux par l'acide azotique. Pour l'avoir à l'état liquide, on chauffe, dans une cornue de verre peu fusible, de l'azotate de plomb desséché; le col de la cornue est engagé dans l'une des branches d'un tube en U qui plonge dans un mélange réfrigérant. La chaleur décompose l'azotate de plomb; l'oxygène se dégage et les vapeurs rutilantes se condensent dans le tube.

Fig. 103.

$$PbOAzO^5 = PbO + O + AzO^4.$$

La réaction la plus importante à connaître de ce corps est celle qu'il produit avec l'eau; il donne de l'acide azotique et dégage du bioxyde d'azote.

$$\begin{matrix} AzO^4 \\ AzO^4 \\ AzO^4 \end{matrix} + \begin{matrix} HO \\ HO \end{matrix} = \begin{matrix} HOAzO^5 \\ HOAzO^5 \end{matrix} + AzO^2.$$

On le démontre en faisant pénétrer dans un long tube rempli d'eau une petite quantité d'acide hypoazotique; on voit se dégager un gaz incolore qui monte au haut du tube et que l'on peut reconnaître pour le bioxyde d'azote; on constate dans l'eau la présence de l'acide azotique.

ACIDE AZOTEUX AzO^3.

189. Ce composé ne mérite ici une mention qu'à cause des sels métalliques qui le contiennent, les **azotites**. L'un, l'azotite de potassium, se forme quand on chauffe au rouge l'azotate de potassium (salpêtre); il se dégage de l'oxygène.

$$KOAzO^5 = KOAzO^3 + O^2.$$

Un autre, l'azotite d'ammonium, se décompose facilement par la chaleur en perdant 4 équivalents d'eau, et il se dégage du gaz azote.

$$AzH^4O,AzO^3 = 4HO + 2Az.$$

C'est un moyen d'avoir rapidement du gaz azote très-pur.

BIOXYDE D'AZOTE AzO^2.

190. Propriétés physiques et chimiques. — C'est un gaz incolore, dont on ne peut connaître la saveur ni l'odeur, puisqu'au contact de l'air il se transforme immédiatement en vapeurs rutilantes; on n'a pas pu le liquéfier; il est peu soluble dans l'eau. Sa densité est 15 fois celle de l'hydrogène; le poids du litre est:

$$15 \times 0,0895 = 1^{gr},343.$$

Sa propriété la plus saillante, c'est sa tendance à prendre l'oxygène.

$$AzO^2 + O^2 = AzO^4.$$

On l'utilise pour reconnaître l'oxygène.

Ses propriétés comburantes sont très-faibles; les combustibles n'y brûlent que s'ils sont déjà incandescents quand on les y plonge; ainsi le phosphore allumé et le charbon bien rouge y brûlent avec éclat, tandis que le soufre et un charbon à peine allumé s'y éteignent.

Quand on jette dans un flacon de bioxyde d'azote quelques gouttes de sulfure de carbone, qu'on agite et qu'on allume le gaz, on produit une belle flamme d'un blanc bleuâtre. M. Mermet a récemment proposé d'utiliser cette flamme dans la photographie des grottes et autres objets qu'il faut éclairer artificiellement pour en prendre une vue.

191. Action des composés de l'azote sur l'acide sulfureux. — Nous avons vu:

1° Que l'acide azotique cède un équivalent d'oxygène à l'acide sulfureux et devient de l'acide hypoazotique;

2° Que l'acide hypoazotique, en présence de l'eau, régénère de l'acide azotique et produit du bioxyde d'azote;

3° Que le bioxyde d'azote en présence de l'air donne de l'acide hypoazotique.

Ces trois réactions nous permettent de comprendre que si on met en présence de l'*acide sulfureux*, de l'*air*, de la *vapeur d'eau* et de l'*acide azotique*, celui-ci passera successivement à l'état d'acide hypoazotique, de bioxyde d'azote, pour redevenir de l'acide azotique et recommencer indéfiniment ses transformations, et que par suite ce sera l'oxygène de l'air qui se fixera sur l'acide sulfureux avec l'eau pour le transformer en acide sulfurique. On pense d'après M. Péligot que ce sont ces transformations qui s'accomplissent dans les chambres de plomb où l'on fait l'acide sulfurique.

102. Préparation. — On obtient le bioxyde d'azote en traitant le cuivre en copeaux par l'acide azotique étendu, dans un flacon à 2 tubulures.

On recueille le gaz sur l'eau. Le dégagement est d'abord très-lent, parce que le premier gaz produit devient rutilant au contact de l'air du flacon. Il reste dans l'appareil de l'azotate de cuivre.

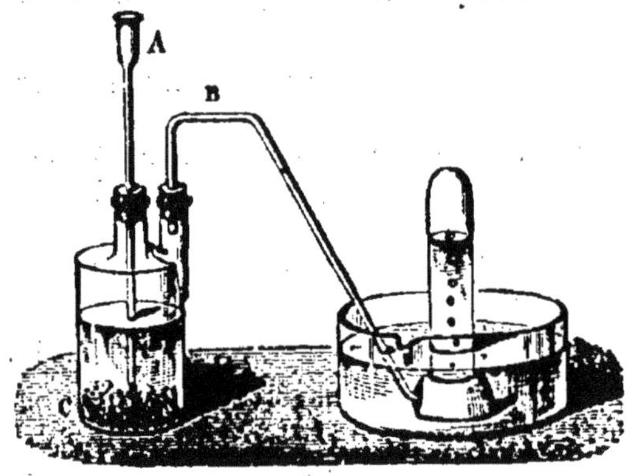

Fig. 106.

Il faut à peu près 50 grammes de cuivre pour obtenir 10 litres de gaz.

Le bioxyde d'azote n'a pas d'usage.

PROTOXYDE D'AZOTE AzO.

103. Propriétés physiques. — Le protoxyde d'azote est un gaz incolore, inodore, d'une saveur légèrement sucrée. Il pèse 22 fois plus que l'hydrogène, ce qui donne pour le poids du litre :

$$22 \times 0,0895 = 1^{gr},07.$$

Il est notablement soluble dans l'eau ; aussi faut-il boucher les flacons dans lesquels on recueille ce gaz, aussitôt qu'ils sont pleins, pour éviter sa dissolution. Il est plus soluble dans l'alcool qui en dissout 4 fois son volume. Faraday a pu le liquéfier à 0° en le soumettant à une pression de 30 atmosphères.

Lorsqu'il est bien pur, il produit, quand on le respire, une insensibilité analogue à celle qu'amène le chloroforme; aussi a-t-il été proposé comme *anesthésique*. Davy le surnomma **gaz hilarant** à cause de l'espèce d'ivresse qu'il produit chez ceux qui en respirent beaucoup.

104. Propriétés chimiques.— Le protoxyde d'azote possède comme l'oxygène la propriété d'entretenir et d'activer la combustion; une allumette qui n'a qu'un point en ignition, plongée dans ce gaz, se rallume.

Fig. 107.

Le charbon et le phosphore, allumés et plongés dans des flacons de protoxyde d'azote, brûlent avec éclat. Le soufre n'y brûle que s'il a été bien enflammé. Un mélange à parties égales d'hydrogène et de protoxyde d'azote détone si on l'enflamme.

Une température rouge décompose ce gaz en azote et oxygène; c'est cette décomposition, s'effectuant au contact des corps chauds, qui lui donne ses propriétés comburantes.

Le potassium brûle dans le protoxyde d'azote, en ne laissant que l'azote. Si on mesure un volume de protoxyde, qu'on y brûle du potassium, le volume de l'azote restant est égal au volume du gaz employé.

Fig. 108.

Le protoxyde d'azote peut être confondu au premier abord avec l'oxygène. On peut distinguer ces deux gaz par leur solubilité; une éprouvette du premier, contenant un peu d'eau, fermée avec la main et agitée, adhère à la main, par suite de la dissolution d'une portion de gaz. Un moyen plus sûr consiste à envoyer quelques bulles de bioxyde d'azote dans le gaz que l'on veut caractériser; au contact du protoxyde d'azote, ces bulles ne produisent rien; l'oxygène au contraire devient rutilant.

105. Usages. — On n'emploie le protoxyde d'azote que comme agent anesthésique; encore n'est-ce que peu, à cause de la difficulté de le produire bien pur.

106. Préparation. — On l'obtient en décomposant par la chaleur l'azotate d'ammonium. Ce sel, comme beaucoup de sels ammoniacaux, perd 4 équivalents d'eau et dégage le gaz. Cette

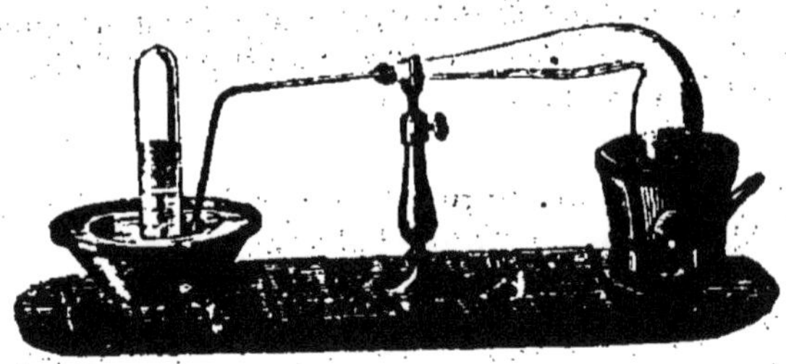

Fig. 109.

eau produite force à incliner un peu le col de la cornue :

$$AzH^4O,AzO^5 = 4HO + 2(AzO).$$

On recueille le gaz sur l'eau, avec la précaution que nous avons indiquée.

CHAPITRE XVII.

PHOSPHORE Ph=31.

107. Propriétés physiques. — Le phosphore est solide à la température ordinaire, incolore, ou jaune pâle, prenant une teinte plus foncée à la lumière; il se laisse rayer par l'ongle. Il possède une légère odeur d'ail.

Il fond à 44°; on l'obtient facilement fondu en le jetant dans de l'eau chauffée; il prend l'aspect d'une huile jaune. On peut le réduire en vapeur et par conséquent le distiller; mais il faut opérer dans un appareil privé d'oxygène.

Il est insoluble dans l'eau et dans l'alcool; et cependant l'eau où a séjourné du phosphore luit dans l'obscurité quand on l'agite à l'air; on pense qu'elle doit cette propriété à des parcelles très-fines de phosphore qu'elle tient en suspension.

Le phosphore est soluble dans la benzine et surtout dans le sulfure de carbone.

On peut l'obtenir cristallisé en évaporant doucement sa solution.

108. Propriétés chimiques. — Le phosphore est un corps extrêmement inflammable; il prend feu spontanément à l'air quand il est très-divisé, par exemple quand on a fait évaporer sa solution sur une feuille de papier à filtre. Il s'enflamme dans l'air à 60° en produisant des fumées blanches d'acide phosphorique. Le moindre frottement suffit souvent à lui faire prendre feu.

Fig. 110.

Aussi conserve-t-on toujours ce corps dans l'eau et doit-on toujours le manier sous ce liquide. Il serait imprudent de le tenir dans les mains à l'air, surtout en été; on s'exposerait à des brûlures qui sont dangereuses[1].

La combustion du phosphore se produit avec éclat dans l'oxygène; on peut même la réaliser facilement sous l'eau. On jette du phosphore dans une éprouvette contenant de l'eau chaude; il fond et se rassemble au bas de l'éprouvette; on y fait plonger un tube par lequel on y envoie un courant d'oxygène; l phosphore, au contact du gaz, brûle avec énergie et se transforme en une masse solide rouge.

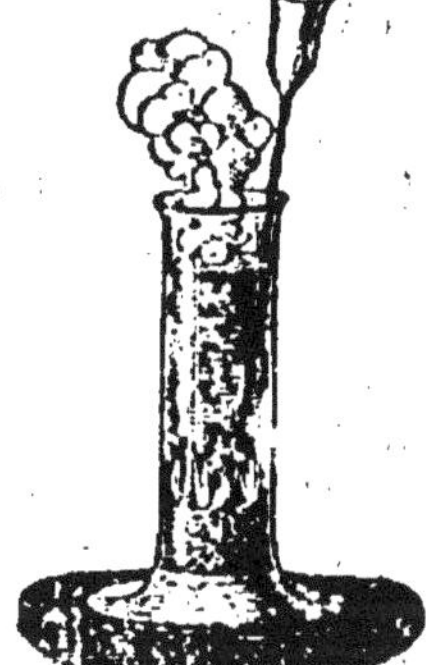

Fig. 111.

On peut encore produire cette combustion sous l'eau en jetant du phosphore découpé en très-petites parcelles au fond d'une éprouvette qui contient déjà du chlorate de potassium. On verse quelques gouttes d'acide sulfurique par un tube à entonnoir et le phosphore s'enflamme sous la couche d'eau, tandis que des vapeurs blanches couvrent le liquide.

Exposé à l'air humide, le phosphore répand des fumées blanches, lumineuses dans l'obscurité; c'est cette propriété qui lui a fait donner son nom. Il prend l'oxygène à l'air et nous avons pu l'employer pour faire l'analyse de ce gaz. On ne connaе pas encore bien la cause de la lumière qu'il produit ainsi dans sa combustion lente.

Il s'enflamme quand on le plonge dans un flacon de gaz chlore et produit du chlorure de phosphore.

Il est attaqué avec une grande énergie par l'acide azotique, qui lui cède de l'oxygène et le transforme en acide phosphorique, en même temps qu'il y a dégagement abondant de composés de l'azote.

100. Phosphore rouge. — Sous l'influence de la lumière, les bâtons de phosphore se couvrent d'une pellicule *rouge*.

---

1. Si on se brûlait avec du phosphore, il faudrait de suite laver à grande eau la partie brûlée et continuer à la laver avec une dissolution étendue d'ammoniaque pour enlever l'acide phosphorique et l'empêcher de produire l'inflammation de la plaie.

La combustion du phosphore par l'oxygène sous l'eau produit une assez grande quantité de cette matière rouge foncé qui n'est qu'une modification d'aspect du phosphore et qu'on appelle le **phosphore rouge ou amorphe.**

Mais c'est en chauffant le phosphore en vase clos, longtemps, à une température soutenue d'environ 230°, qu'on en produit le plus.

Ce phosphore rouge a la même nature que le phosphore blanc, puisqu'il peut le reproduire sans rien absorber ni sans rien dégager; mais il est différent et dans son aspect et surtout dans ses propriétés.

Il n'est pas lumineux dans l'obscurité; il ne s'enflamme qu'à 260°; il s'altère peu à l'air; il n'est que faiblement attaqué par les corps qui agissent avec énergie sur le phosphore blanc.

Il est insoluble dans le sulfure de carbone qui dissout bien le phosphore ordinaire; aussi se sert-on de ce corps pour les séparer.

Enfin il n'est pas vénéneux, tandis que le phosphore blanc constitue un poison violent.

200. Usages du phosphore. — Le phosphore entre dans la préparation des pâtes à empoisonner les rats; mais son principal usage consiste dans la fabrication des allumettes chimiques.

Les allumettes phosphorées sont aujourd'hui très-répandues; on en fait une consommation considérable; elles offrent en effet le moyen le plus commode et le plus rapide de se procurer du feu.

On en connaît de plusieurs sortes, que l'on peut rassembler en deux groupes :

Les allumettes au phosphore ordinaire, qui prennent feu par le frottement sur toute surface rugueuse ;

Et les allumettes au phosphore rouge, qu'on ne peut allumer que sur la boîte qui les contient.

201. Allumettes au phosphore ordinaire. — Elles sont en bois ou en fils tressés, recouverts de cire ou d'acide stéarique (bougies).

On soufre l'extrémité des premières, puis on garnit le bout soufré d'une pâte inflammable obtenue en mélangeant de la colle-forte, de l'eau, du sable fin et du phosphore avec un peu de bleu de Prusse ou de vermillon qui colore la pâte; le mélange semi-fluide est étendu sur une table de marbre; on y pose les allumettes que l'on porte ensuite à sécher lentement dans une étuve.

Pour les secondes, on ajoute à la pâte inflammable un peu de chlorate de potassium qui active la combustion du phosphore et qui permet d'enflammer la cire.

Le frottement suffit pour faire prendre feu à ces allumettes; le phosphore enflamme le soufre qui brûle sans résidu et fait brûler le bois. Le gaz acide sulfureux qui se produit est désagréable à respirer; aussi, en Angleterre, remplace-t-on le soufre par la paraffine.

202. Allumettes au phosphore amorphe. — Soufrées ou recouvertes de cire, elles portent à l'extrémité un mélange de sulfure d'antimoine, de chlorate de potassium avec de la colle-forte. Le phosphore rouge, mélangé d'un peu de sulfure d'antimoine, est fixé sur un carton que porte la boîte. Le frottement sur un objet quelconque ne peut enflammer l'allumette; mais si on la frotte sur le carton elle détache une parcelle de phosphore qui s'enflamme et fait brûler l'allumette.

On comprend qu'on évite avec ces allumettes au phosphore amorphe les risques d'incendie si fréquents avec les premières; de plus, comme elles ne portent pas le phosphore, elles sont inoffensives, tandis que les autres ont souvent été la cause d'empoisonnements regrettables.

203. État naturel. — Le phosphore est assez abondant dans la nature, mais à l'état de combinaisons, surtout de phosphate de calcium. On en extrait de beaucoup de localités pour le répandre sur les terres arables, où il sert d'aliment aux plantes. Il constitue la majeure partie des os; le cerveau et l'urine des animaux, la laitance des poissons en contiennent une certaine quantité.

Fig. 122.

204. Préparation. — On tire le phosphore des os de bœuf ou de mouton. Les os sont calcinés dans des fours; la matière organique se détruit; la matière minérale blanche, résidu des os brûlés, est pulvérisée, passée au tamis et amenée à la consistance d'un sable grossier. On la délaye dans l'eau et on ajoute de l'acide sulfurique. Cet acide prend une partie de la chaux du phosphate des os et l'amène à l'état de phosphate acide soluble. On filtre; la liqueur est évaporée jusqu'à consistance de sirop que l'on mélange avec du charbon en poudre. On chauffe au rouge la pâte obtenue, puis on met la matière dans des cornues de grès que l'on chauffe avec précaution jusqu'à une température élevée à laquelle le phosphore se dégage à l'état de vapeur. Les cornues sont munies d'allonges en cuivre ou en poterie, bien lutées, allant déboucher dans le bec relevé d'un récipient en cuivre contenant de l'eau, comme l'indique la figure 122.

On n'obtient que la moitié du phosphore contenu dans les os;

nous donnerons au chapitre suivant la théorie chimique de l'opération.

205. Purification. — Le phosphore obtenu est impur; pour le purifier, on le fait filtrer par pression au travers d'une peau de chamois, sous l'eau maintenue à 50°; ou bien on le fait fondre sous l'eau dans un vase fort dont le fond est une pierre poreuse, et en envoyant de la vapeur d'eau dans le vase on force le phosphore à passer, par les pores de la pierre, dans un second vase contenant de l'eau chauffée, où il reste liquide et où on le reprend pour le mouler.

206. Historique. — Le phosphore a été découvert en 1669 par Brandt de Hambourg, qui parvint à l'extraire de l'urine. Ce n'est qu'un siècle plus tard que Gahn et Schéele signalèrent la présence du phosphore dans les os et indiquèrent le moyen de l'en extraire; c'est ce moyen que l'on suit encore aujourd'hui. La découverte de Brandt avait excité au plus haut point la curiosité des chimistes; le phosphore était le premier corps connu jouissant de la propriété de luire dans l'obscurité.

CHAPITRE XVIII.

COMPOSÉS DU PHOSPHORE.

207. Le phosphore donne avec l'oxygène, en brûlant à l'air, deux composés :

L'acide phosphoreux, PhO^3;

L'acide phosphorique, PhO^5.

208. Acide phosphoreux. — On l'obtient anhydre et hydraté. Anhydre, c'est une poudre blanche, volatile, qui peut prendre feu, absorber de l'oxygène et se transformer en acide phosphorique; on pouvait prévoir cette propriété, puisque cet acide est le résultat d'une combinaison *incomplète* du phosphore.

Pour l'obtenir hydraté, on dispose des bâtons de phosphore dans une série de tubes effilés à une extrémité et ouverts, que l'on dispose en cercle sur un entonnoir placé sur un flacon.

Fig. 113.

Le tout est placé sous une cloche où l'air peut circuler, en présence d'une couche d'eau (fig. 113); le phosphore brûle lentement, sans élever beaucoup sa température; l'acide phosphoreux formé est un liquide sirupeux qui se rassemble dans le flacon.

Il est sans usage.

209. Acide phosphorique anhydre. — Cet acide se forme toutes les fois que le phosphore brûle dans l'oxygène ou dans l'air sec. On peut le préparer en petite quantité en brûlant du phosphore sous une cloche sèche remplie d'air et posée sur une assiette; il se dépose à l'état de flocons neigeux qu'il faut recueillir rapidement. Quand on en veut davantage, on se sert de l'appareil représenté par la figure 124. On introduit le phosphore par le tube large dont la cloche est munie; on l'enflamme à l'aide d'une tige chauffée, et on entretient la combustion en insufflant, au moyen d'un soufflet, de l'air qui se dessèche avant de servir à la combustion du phosphore. L'acide neigeux produit doit être retiré rapidement de la cloche et du flacon et enfermé dans des flacons bouchés à l'émeri.

Fig. 111.

210. Propriétés. — Il est extrêmement avide d'eau; il fait entendre un sifflement quand on le met en contact avec ce liquide; on l'utilise en chimie pour dessécher les gaz.

Anhydre, il a pour formule PhO^5. Hydraté, il a pris trois molécules d'eau; c'est le corps $PhO^5 3HO$. Alors seulement il peut échanger de l'hydrogène contre les métaux pour donner les différents **phosphates**.

211. Acide phosphorique ordinaire. — Phosphates. — On

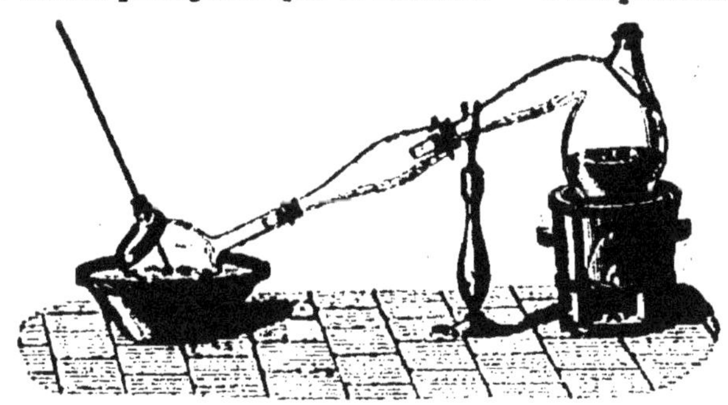

Fig. 113.

obtient facilement l'acide ordinaire en faisant chauffer doucement, dans une cornue emmanchée dans un ballon refroidi, du phosphore avec de l'acide azotique, et en évaporant la liqueur dans une capsule de platine, quand le phosphore est dissous. On obtient le corps

$$PhO^5 \left\{ \begin{array}{l} HO \\ HO \\ HO \end{array} \right.$$

qui peut échanger 3 molecules d'H contre 3 molécules d'un métal. Ainsi, versé dans une solution de sel d'argent, il donne un précipité *jaune* dont la composition est

$$PhO^5 \left\{ \begin{array}{l} AgO \\ AgO, \\ AgO \end{array} \right.$$

phosphate *tribasique* d'argent, analogue au phosphate *tribasique* de calcium ($PhO^5 3CaO$) contenu dans les os.

Il y a, outre l'acide phosphorique anhydre, incapable de se combiner sans avoir d'abord pris de l'eau, 3 acides phosphoriques :

L'acide	**métaphosphorique,**	qui donne	1	série de sels;
—	**pyrophosphorique,**	—	2	—
—	**phosphorique ordin.**	—	3	—

Cette distinction va nous permettre de donner les réactions de la préparation du phosphore.

212. Théorie de la préparation du phosphore. — La poudre blanche d'os brûlés contient en grande partie du phosphate tribasique de calcium insoluble.

L'acide sulfurique le transforme en phosphate acide soluble :

$$PhO^5 \left\{ \begin{array}{l} CaO \\ CaO \\ CaO \end{array} \right. + \begin{array}{l} HOSO^3 \\ HOSO^3 \end{array} = \begin{array}{l} CaOSO^3 \\ CaOSO^3 \end{array} + PhO^5 \begin{array}{l} CaO \\ HO. \\ HO \end{array}$$

Ce phosphate acide, desséché avec du charbon, se transforme en métaphosphate PhO^5CaO, que le charbon peut réduire à haute température, en laissant comme résidu du pyrophosphate de calcium et en dégageant de l'oxyde de carbone et du phosphore en vapeur :

$$2(PhO^5CaO) + 5C = PhO^5 \left\{ \begin{array}{l} CaO \\ CaO \end{array} \right. + 5CO + Ph.$$

On comprend pourquoi on ne peut retirer que la moitié du phosphore contenu dans les os.

COMBINAISONS DU PHOSPHORE AVEC L'HYDROGÈNE.

L'hydrogène et le phosphore ne se combinent pas directement; mais on connait trois combinaisons de ces deux corps :

Ph^2H qui est solide;
PhH^2 qui est liquide, très-volatil et très-inflammable;
PhH^3 qui est gazeux; c'est l'hydrogène phosphoré ordinaire.

213. Hydrogène phosphoré ordinaire. — On l'obtient en chauffant, dans un petit ballon, du phosphore avec une dissolution étendue de potasse, ou des boulettes de chaux éteinte dans chacune desquelles on a placé un petit fragment de phosphore. On a soin de remplir le ballon pour éviter les explosions et on ne plonge le tube abducteur dans l'eau que quand le gaz se dégage.

Fig. 116.

214. Propriétés. — Ce gaz a une odeur d'ail très-prononcée. Il s'enflamme spontanément à l'air en produisant des fumées blanches, en couronnes, d'acide phosphorique.

$$PhH^3 + O^8 = PhO^5 3HO.$$

Il donne avec l'air un mélange détonant.

Si on le conserve longtemps sur l'eau ou sur le mercure, ou qu'on le refroidisse, il perd la propriété de s'enflammer spontanément à l'air; c'est qu'il doit cette propriété à des vapeurs d'hydrogène phosphoré liquide répandues dans sa masse et qui se déposent par le repos ou le refroidissement.

Il a de grandes analogies de composition avec l'ammoniaque.

On le produit souvent en jetant dans un verre d'eau du phosphure de calcium, composé solide obtenu en soumettant de la craie à l'action des vapeurs de phosphore; le gaz s'enflamme en sortant de l'eau, et, si on opère dans un air tranquille, il y a de belles couronnes de vapeurs blanches produites.

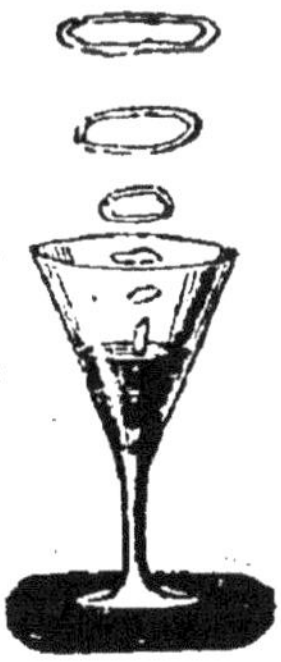

Fig. 117.

215. État naturel. — L'hydrogène phosphoré gazeux se produit spontanément dans la décomposition lente des animaux morts, aux dépens de la matière phosphorée du cerveau; il s'enflamme en arrivant à l'air et répand l'odeur d'ail; il constitue alors les *feux-follets* que l'on observe dans les anciens cimetières.

CHAPITRE XIX.

ARSENIC ET SES COMPOSÉS As=75.

216. Propriétés. — L'arsenic est un solide gris d'acier, brillant, d'apparence cristalline, qui perd son éclat au contact de l'air et devient noir.

Sous l'influence de la chaleur, vers 180°, il se volatilise sans fondre et sa vapeur se sublime par le refroidissement. Quand on le fait chauffer dans un tube fermé par un bout, la vapeur vient former, au-dessus de la partie chauffée, un **anneau miroitant** d'arsenic sublimé. Cet anneau est déplaçable par la chaleur; chauffé, il disparaît pour se reformer plus loin. On met à profit cette propriété de l'arsenic pour le caractériser et révéler sa présence.

L'arsenic s'oxyde à l'air et se couvre d'une poudre blanche d'acide arsénieux. Il produit abondamment cet acide quand on le chauffe dans un courant d'air, par exemple dans un tube ouvert aux deux bouts où il se forme un anneau *blanc* d'acide au delà de la partie chauffée. Alors il répand une odeur alliacée.

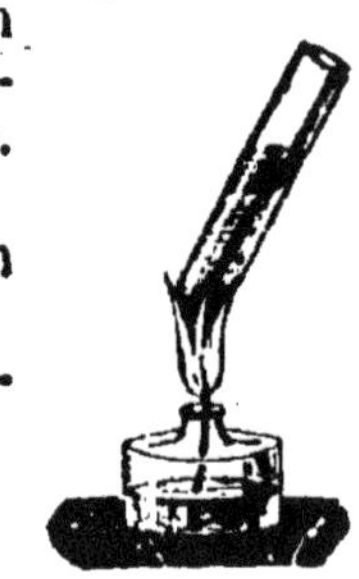

L'acide azotique concentré le transforme en acide arsénique.

Il donne donc avec l'oxygène, comme le phosphore, deux acides :

L'acide arsénieux, AsO^3;
L'acide arsénique, AsO^5.

Fig. 118.

Ce dernier est comparable à l'acide phosphorique; comme lui il prend, en s'hydratant, 3 molécules d'eau et peut donner des sels, les **arséniates**, comparables aux phosphates.

217. Acide arsénieux AsO^3. — On l'appelle vulgairement **arsenic blanc**; c'est un solide inodore, vitreux ou opaque, peu soluble dans l'eau, plus soluble dans l'acide chlorhydrique.

Le charbon lui enlève l'oxygène et met l'arsenic en liberté. On le démontre en chauffant dans un tube de l'acide arsénieux mélangé de charbon en poudre; l'anneau miroitant d'arsenic se produit sur la partie non chauffée du tube.

L'acide arsénieux est un poison énergique qui corrode et perfore les parois de l'estomac; on combat ses funestes effets au moyen de la magnésie qui forme avec lui un sel insoluble et par suite inoffensif.

Il a quelques emplois dans les laboratoires et dans l'industrie.

Il donne avec les sels de cuivre un précipité *vert* employé comme couleur.

On l'utilise, depuis quelque temps, à petite dose, avec succès, dans le traitement des maladies des bronches. A haute dose, c'est un poison violent.

218. Hydrogène arsénié.—L'hydrogène naissant peut se combiner à l'arsenic et donner le corps AsH^3, l'hydrogène arsénié, analogue de composition à l'hydrogène phosphoré et à l'ammoniaque.

On le produit en versant un des composés oxygénés de l'arsenic dans un appareil qui dégage de l'hydrogène.

$$AsO^3 + 6H = 3HO + AsH^3.$$

C'est un gaz incolore, d'odeur alliacée, très-vénéneux.

Il s'enflamme facilement et brûle avec une flamme livide en produisant de l'eau et de l'acide arsénieux.

$$AsH^3 + O^6 = 3HO + AsO^3.$$

Dans sa combustion incomplète, il dépose de l'arsenic.

Il est décomposé par la chaleur; si on le fait passer dans un tube chauffé au rouge, l'arsenic, séparé de l'hydrogène, se dépose sur le tube, au delà de la partie chauffée, en un anneau caractéristique. Le gaz qui brûle à l'extrémité du tube produit des tâches métalliques brillantes d'arsenic sur une soucoupe qu'on présente à la flamme.

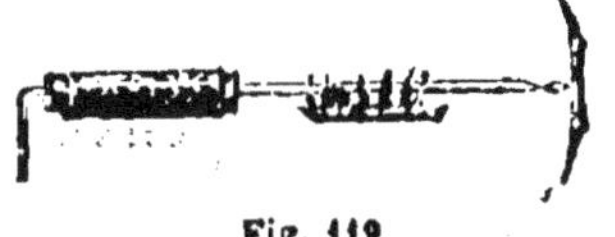

Fig. 119.

219. Recherche de l'arsenic. — On utilise ces propriétés pour déceler la présence de l'arsenic à l'état de combinaison. On met le corps douteux dans un appareil à hydrogène dont le zinc et l'acide sont bien purs; on fait rendre le gaz, desséché par de l'amiante, dans un tube chauffé; s'il y a de l'arsenic dans le corps que l'on essaie, il se produit sur le tube un anneau brillant et des taches sur une soucoupe avec laquelle on aplatit la flamme du gaz brûlant au bout du tube.

Cet appareil ainsi monté porte le nom d'**appareil de Marsh**.

220. État naturel de l'arsenic. — L'arsenic se rencontre dans la nature à l'état natif, et dans les minerais d'étain et d'argent à l'état de combinaisons. On l'a trouvé à Sainte-Marie-aux-Mines (Vosges).

Certaines eaux minérales en contiennent de petites quantités, notamment les eaux de Plombières (Vosges).

CHAPITRE XX.

CARBONE C=6.

221. Nous appelons **charbons** bien des corps très-différents d'aspect, qui sont tous des variétés d'un même corps simple, le **carbone**. Quels que soient son état et la différence de ses propriétés extérieures, le carbone est toujours insoluble et infusible, et le produit de sa combustion complète est toujours l'*acide carbonique*.

Le carbone est très-répandu dans la nature; nous allons passer en revue ses principales variétés. Nous les diviserons en deux catégories :

1° Les *charbons naturels* : diamant, graphite, charbons minéraux;

2° Les *charbons artificiels* : charbon de bois, de cornues, coke, noir de fumée, noir animal.

CHARBONS NATURELS.

222. Diamant. — Le diamant est du carbone pur et cristallisé; ses cristaux appartiennent au premier système, ils dérivent du cube. Il est ordinairement incolore et transparent, mais il présente parfois aussi des nuances colorées; on en trouve même de complétement noir. Brut, il ressemble à un caillou; il n'acquiert son éclat que lorsqu'il est poli. C'est le plus dur de tous les corps connus; il les raye tous, et il faut faire usage de sa propre poussière pour le tailler. La taille s'opère en usant le diamant, déjà dégrossi, sur des meules d'acier recouvertes de poudre de diamants noirs délayée dans l'huile; on produit ainsi les facettes polies, qui dispersent puissamment la lumière et donnent au diamant toute sa valeur pour la parure.

Fig. 120.

223. Prix du diamant. — Le prix du diamant est très-élevé; il varie de 50 à 100 fr. le carat pour les diamants bruts et de 150 à 300 fr. pour les diamants taillés. (Le carat pèse $0^{gr},212$.) De plus, le prix augmente comme le carré du nombre des carats; ainsi un diamant brut inférieur du poids de 3 carats coûterait :

$$3 \times 3 \times 50 = 450 \text{ fr.}$$

Au-dessus de 100 carats, le prix ne dépend plus que de la beauté.

Ainsi le Régent de la couronne de France, l'un des plus beaux diamants connus, qui pèse 137 carats (il en pesait 410 avant la taille), est estimé à environ 6 millions de francs.

Le plus gros des diamants connus est celui du rajah de Bornéo; il pèse 300 carats.

224. Nature du diamant. — C'est Lavoisier qui a le premier démontré l'existence du charbon dans le diamant, en le faisant brûler dans un ballon d'oxygène à l'aide de la chaleur solaire concentrée par de fortes lentilles. Davy a mis hors de doute la nature du diamant en démontrant qu'il produit de l'acide carbonique comme le carbone pur.

Une température élevée transforme le diamant en une matière noire, onctueuse au toucher, analogue à la mine de plomb des crayons.

225. État naturel et usages. — Le diamant se trouve disséminé dans des sables d'alluvion provenant de roches anciennes qu'on n'a trouvés jusqu'ici que dans l'Inde, à Bornéo et au Brésil. Sa densité, 3,5, est supérieure à celle des sables; on le retire par des lavages et triages répétés. Le Brésil fournit 4 à 5 kilogrammes de diamants bruts par an.

Les beaux diamants incolores sont employés pour la parure. Les petits de toute couleur servent à couper le verre, à graver les pierres dures et comme pivots dans certaines pièces d'horlogerie.

226. Graphite ou plombagine. — Le graphite, que l'on trouve abondamment en Sibérie, se présente sous forme de paillettes brillantes, noirâtres, onctueuses au toucher, tachant les doigts et le papier. Il est peu combustible; il ne peut brûler que dans l'oxygène quand il y est fortement chauffé. Son infusibilité le fait employer dans les laboratoires à la confection de creusets qui résistent aux températures élevées.

La fonte de fer en fusion, qui a dissous du charbon, l'abandonne, en se refroidissant, sous forme de paillettes hexagonales de graphite.

Il est bon conducteur de l'électricité; aussi s'en sert-on, à l'état de poudre impalpable, pour enduire les moules que l'on veut recouvrir d'une couche métallique par la galvanoplastie.

La poudre de graphite, mélangée à l'huile, donne une matière onctueuse que l'on emploie à graisser les engrenages et à recouvrir la fonte d'un enduit préservateur et brillant.

On l'utilise pour la fabrication des crayons; on l'appelle improprement **plombagine** ou **mine de plomb**.

227. Combustibles minéraux. — On trouve dans la terre des charbons plus ou moins impurs, généralement d'un noir brillant, et d'autant plus combustibles qu'ils sont moins purs; ce sont : l'*anthracite*, la *houille*, les *lignites*, auxquels on peut ajouter la *tourbe*.

L'anthracite est un charbon dur que l'on rencontre dans les terrains anciens, notamment aux États-Unis et en Angleterre. Il ne peut brûler qu'à une température élevée et en grandes masses; mais il donne une forte chaleur.

La **houille** est le charbon minéral le plus employé; elle brûle avec une longue flamme et dégage beaucoup de chaleur : c'est le combustible de l'industrie. On utilise même aujourd'hui sa poussière sous forme de briquettes (agglomérés). Nous reprendrons plus loin l'étude de cet important produit.

Les **lignites** proviennent de bois altérés dont ils rappellent encore la forme; certaines variétés présentent beaucoup de dureté; elles constituent le **jais**, susceptible d'un beau poli. Les lignites brûlent avec une flamme fumeuse.

La tourbe, qui se produit autour de nous dans les marais desséchés et dans certains terrains humides, est aussi un combustible fumeux, plus impur que les précédents, mais susceptible d'emploi.

Tous ces combustibles résultent de l'altération de matières ligneuses dans des circonstances que nous ne connaissons pas complétement.

CHARBONS ARTIFICIELS.

228. Coke. — Quand on brûle la houille à l'air, elle produit une flamme brillante et ne laisse pour résidu que des cendres. Si on la brûle en vase clos, soit en grands tas couverts, soit dans des cylindres fermés, elle laisse un résidu poreux, généralement léger; c'est le **coke**. Le coke est formé de charbon et de cendres; il brûle sans flamme et sans fumée, mais en produisant beaucoup de chaleur; aussi est-il recherché pour le chauffage domestique. Les grands fourneaux de l'industrie des métaux en consomment beaucoup, tellement même que pour cet usage on convertit en coke des masses énormes de houille.

229. Charbon de cornue. — Dans la distillation de la houille en cylindres pour obtenir le gaz d'éclairage, on trouve, sur les parois du cylindre, un dépôt de charbon très-cohérent, très-dense, d'un grain très-serré, si dur qu'il est difficile à entamer; c'est le **charbon de cornue**. On le travaille en prismes et en cylindres pour les piles électriques, car il conduit bien l'électricité. On en fait même des creusets. Il brûle très-difficilement, mais à une température élevée il constituerait un excellent combustible puisqu'il ne contient presque pas de cendres.

230. **Charbon de bois.** — Le bois contient environ 38 p. % de son poids de carbone uni à de l'hydrogène et à de l'oxygène, et à quelques matières minérales qui forment la cendre quand on le brûle. Si on le calcine en vase clos, les gaz se dégagent sous forme d'eau et d'hydrogènes carbonés; la plus grande partie du charbon qui n'a pu se combiner ni se détruire reste, en conservant la forme du végétal dont il provient : c'est le **charbon de bois**.

On emploie deux procédés pour l'obtenir : 1° le procédé des meules ou des forêts; 2° la distillation en vase clos.

231. **Procédé des meules.** — Pour construire la meule, on dispose sur une surface plane, autour de quelques branches plantées verticalement au centre de l'aire, de petites bûchettes de 30 à 40 centimètres de long, serrées les unes contre les autres et placées debout; on constitue ainsi un premier lit sur lequel on en met un second, puis un troisième, en donnant à l'ensemble la forme d'un cône arrondi à la partie supérieure. On recouvre le tout de mousse, de feuilles, de gazon, de terre, en ménageant des évents à la partie inférieure.

Fig. 121.

On retire les bûches verticales du centre et on obtient une cheminée centrale dans laquelle on jette des broussailles sèches et des charbons allumés. La combustion commence; quand elle est suffisamment avancée au centre, ce dont on juge par l'aspect de la fumée, on bouche la cheminée et on ouvre des évents latéraux, successivement du haut en bas. L'opération terminée, on bouche toutes les ouvertures et on laisse refroidir la masse le temps convenable. On enlève ensuite la terre, on sépare le charbon des parties mal carbonisées; le charbon bien cuit est dur, compacte, sonore, à cassure brillante. On en obtient environ 17 p. °/₀ du poids du bois.

232. Distillation en vases clos. — On introduit le bois dans de grands cylindres qui peuvent en contenir 4 ou 5 stères et que l'on fait communiquer avec des récipients refroidis où l'on recueillera les produits de la distillation. On chauffe sept ou huit heures les cylindres, ordinairement avec du bois. On laisse refroidir le temps convenable, et on défourne le charbon. On obtient environ 27 p. °/₀ du poids du bois employé. De plus, les produits liquides condensés sont utilisés dans l'industrie; on en retire le vinaigre de bois et l'alcool de bois dont les usages sont nombreux. Ce procédé est donc beaucoup plus économique que le premier, bien qu'il exige des appareils assez coûteux; aussi s'est-il beaucoup répandu depuis quelque temps.

233. Noir de fumée. — Le noir de fumée, charbon très-divisé, sous forme de poussière noire très-légère, s'obtient en brûlant incomplétement à l'air des matières résineuses. On envoie la fumée épaisse que donnent ces corps dans de grandes chambres dont les parois sont recouvertes de toiles sur lesquelles le noir se dépose. On fait tomber le noir sur le sol de la chambre en faisant descendre un cône qui râcle les parois. Le noir de fumée est du carbone à peu près pur; il ne peut pas contenir de cendres; sa seule impureté est une matière goudronneuse qui imprègne les particules de charbon et dont on le débarrasse en le calcinant à l'abri de l'air. Il sert à la fabrication des encres de Chine et d'imprimerie.

Fig. 122.

234. Noir animal. — Quand on calcine les os en vase ouvert, la matière organique (qui en forme 30 p. °/。) brûle et disparait en flamme et fumée. Si on les calcine en vases clos, on obtient une masse noire, très-poreuse, c'est le **charbon d'os, noir d'ivoire, noir animal.** Il contient environ 10 p. °/。 de son poids de charbon disséminé dans le reste de la masse qui est formée par la matière minérale des os. Il n'est pas utilisé comme combustible; mais il possède à un haut degré la propriété de **décolorer** les matières organiques. Si on l'agite en grains avec du vin et qu'on filtre, la liqueur passe incolore. On l'emploie journellement pour décolorer les jus sucrés.

Quand il a servi quelque temps à la décoloration, il perd ses propriétés. On les lui rend par une nouvelle calcination qui détruit les matières organiques dont il était imprégné; on dit qu'il a été **revivifié.**

Cette revivification ne peut guère s'opérer que deux ou trois fois, après quoi le noir est employé en agriculture, comme un excellent engrais.

235. Charbon de Paris. — Ce charbon moulé, qui brûle lentement et qui est souvent employé dans l'économie domestique, est produit en calcinant en vases clos des débris de branches, des bruyères, des menus de houille, et en agglomérant le charbon obtenu avec du goudron ou du brai liquide qui en fait une matière plastique capable d'être moulée en cylindres.

236. Propriétés du charbon. — Les charbons préparés à haute température sont conducteurs de la chaleur et de l'électricité : ainsi le charbon de cornue, ainsi la braise de boulanger fortement calcinée, qui sert à mettre la tige des paratonnerres en communication avec le sol. Les charbons préparés à basse température sont au contraire mauvais conducteurs de la chaleur : tel est le charbon de bois.

237. Combustibilité. — Les meilleurs combustibles sont les charbons mauvais conducteurs, préparés à basse température, comme le charbon de bois, surtout quand il provient d'un bois léger, comme le peuplier ou le bois de bourdaine.

Le charbon qu'on obtient en brûlant lentement et incomplétement du linge est si combustible que l'étincelle d'un briquet suffit à l'enflammer.

238. Absorption des gaz. — Le charbon de bois récemment calciné possède la propriété d'absorber rapidement les gaz, surtout les gaz très-solubles. On fait l'expérience sur l'ammoniaque. On chauffe au rouge un morceau de charbon; on le refroidit en le plongeant dans le mercure et on l'introduit dans une éprouvette de gaz ammoniaque; le mercure monte rapidement et remplit l'éprouvette, et le charbon retiré exhale l'odeur du gaz.

7

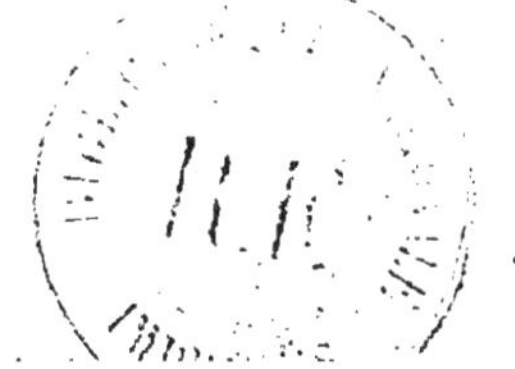

Il absorbe aussi la vapeur d'eau en s'échauffant.

Cette propriété explique le filtrage des eaux sur le charbon qui les rend limpides et sans odeur, et l'habitude que l'on a de carboniser l'intérieur des tonneaux à conserver l'eau dans les longs voyages.

239. Propriétés chimiques. — La propriété chimique la plus saillante du carbone, c'est de se combiner à l'oxygène en dégageant beaucoup de chaleur et en produisant de l'acide carbonique.

Il prend souvent l'oxygène à des composés, aux oxydes notamment, par exemple à l'oxyde de cuivre; on dit alors qu'il *réduit* l'oxyde.

Il se combine directement au soufre pour donner le sulfure de carbone; mais il ne se combine qu'indirectement avec les autres métalloïdes.

CHAPITRE XXI.

COMPOSÉS OXYGÉNÉS DU CARBONE.

ACIDE CARBONIQUE.

240. Propriétés physiques. — L'acide carbonique est un gaz incolore, d'une saveur aigrelette. Il est beaucoup plus lourd que l'air, 1,52 fois; il pèse 22 fois plus que l'hydrogène; le poids du litre de ce gaz est :

$$22 \times 0,0895 = 1^{gr},97.$$

On met facilement en évidence cette grande densité en versant l'acide carbonique, contenu dans une éprouvette, dans une seconde éprouvette comme on verserait de l'eau; le gaz tombe comme un liquide. On peut encore faire tomber des bulles de savon gonflées d'air dans un grand vase rempli d'acide carbonique; les bulles s'arrêtent à la rencontre du gaz pesant et rebondissent à sa surface.

Il est soluble dans l'eau qui en dissout son propre volume, quelle que soit la pression; ainsi 1 litre d'eau dissoudra, sous la pression de 5 atmosphères, cinq fois plus d'acide carbonique que sous la pression ordinaire. On peut donc à l'aide de la pression faire tenir dans l'eau des quantités notables d'acide carbonique.

Le gaz carbonique a été liquéfié par Faraday, à 0°, sous la pression de 36 atmosphères. Thilorier a imaginé un appareil (fig. 123) à parois très-résistantes, où le gaz carbonique se liquéfie par l'effet de sa propre pression.

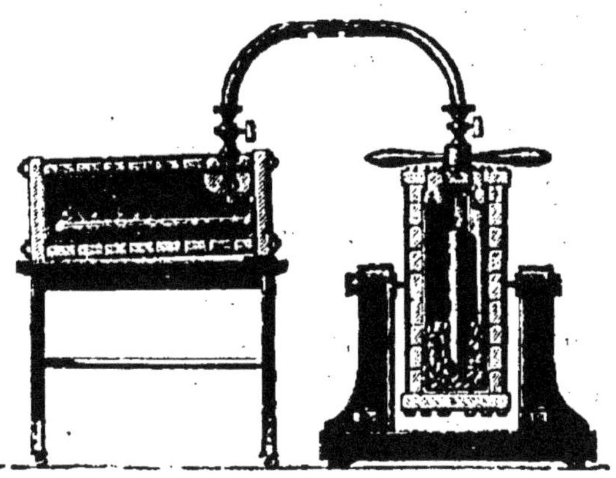

Fig. 123.

Le gaz se produit en grande quantité dans le *générateur*; il se rend rapidement dans le *récipient* où une partie devient liquide.

Si l'on ouvre le récipient à l'air, l'acide est vivement projeté au dehors; l'expansion subite du gaz et le passage de l'acide liquide à l'état gazeux absorbent tant de chaleur qu'une partie de l'acide carbonique se solidifie sous forme d'une neige blanche que l'on peut recueillir.

Cette neige, comprimée entre les doigts, produit une sensation très-douloureuse. Le mélange de cette neige avec l'éther constitue la source de froid la plus puissante que nous connaissions, —90°; on s'en est servi pour liquéfier les autres gaz, et cinq seulement ont résisté à cette action : l'oxygène, l'hydrogène, l'azote, le bioxyde d'azote que nous connaissons déjà et l'oxyde de carbone que nous étudierons dans ce chapitre.

241. Propriétés chimiques. — Le gaz carbonique n'entretient pas la combustion; une bougie allumée, plongée dans une éprouvette de ce gaz, s'éteint aussitôt.

On rend l'expérience plus frappante et on prouve en même temps que l'acide carbonique est très-lourd en versant une éprouvette de gaz au-dessus de la bougie; celle-ci s'éteint immédiatement.

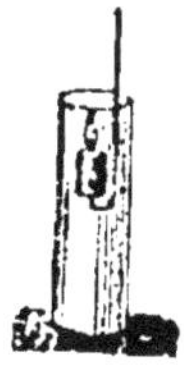

Fig. 124.

L'acide carbonique n'entretient pas la respiration; un animal qu'on y plongerait y périrait; le gaz n'est pas vénéneux, mais il asphyxie par privation de l'oxygène.

C'est un acide faible; il colore la teinture de tournesol en *rouge vineux*.

Il se combine aux bases pour donner des carbonates. Ainsi un morceau de potasse agité dans une éprouvette de gaz carbonique l'absorbe complétement; il s'est formé du carbonate de potassium soluble dans l'eau.

Il trouble l'eau de chaux en produisant du carbonate de calcium qui se dépose. Ce carbonate est soluble dans l'eau chargée d'acide carbonique; aussi le trouble de l'eau de chaux disparaît quand le courant d'acide passe longtemps dans le liquide. Ce fait explique que les eaux naturelles puissent tenir de la pierre (carbonate de calcium) en dissolution, et qu'elles l'abandonnent en perdant l'acide carbonique qui leur avait permis de la dissoudre.

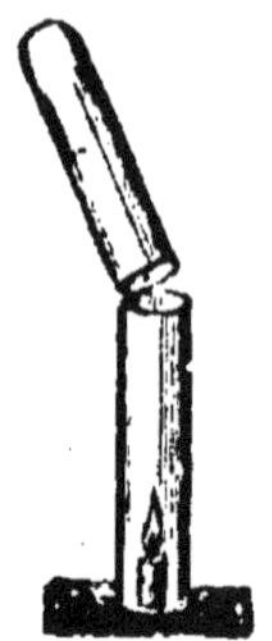

Fig. 125.

L'acide carbonique est chassé de ses combinaisons, des carbonates, par presque tous les autres acides, même le vinaigre. Une goutte d'acide, mise sur une pierre calcaire ou sur la craie, dégage de l'acide carbonique visible à l'effervescence que produit son dégagement.

242. Action du charbon. — L'acide carbonique est décomposé par le charbon rouge, qui lui prend la moitié de son oxygène et produit de l'oxyde de carbone :

$$CO^2 + C = 2CO.$$

On réalise cette transformation en faisant passer de l'acide car-

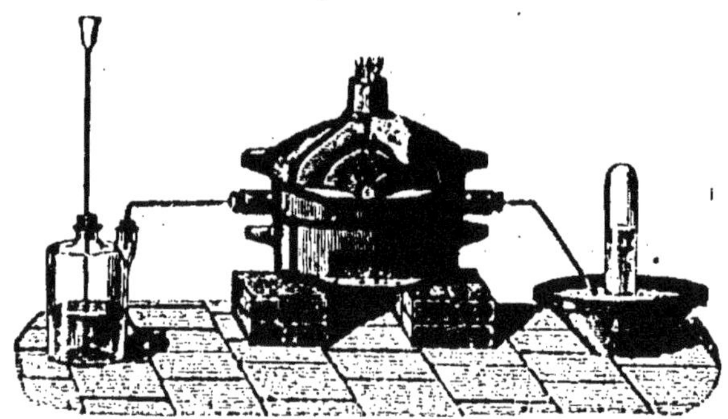

Fig. 126.

bonique dans un tube de porcelaine rempli de braise et chauffé au rouge; on recueille un gaz qui brûle avec une flamme bleue quand on l'enflamme.

243. Usages de l'acide carbonique. — Il sert à la fabrication de l'eau de Seltz et en général des eaux gazeuses et des vins mousseux. L'industrie l'emploie à la fabrication de la céruse (carbonate de plomb), du bicarbonate de sodium, et à la purification des jus sucrés, pour précipiter la chaux que l'on avait combinée au sucre.

244. État naturel. — L'acide carbonique se rencontre en

abondance dans la nature. Il se dégage des volcans en activité et des fissures du sol pour s'accumuler dans certains lieux dont la *grotte du Chien* près de Naples est un exemple. Un chien ne pénètre pas dans cette grotte sans y tomber asphyxié, tandis qu'un homme n'y éprouve aucun malaise; c'est une preuve de plus que l'acide carbonique, en vertu de son poids, tend à descendre vers les parties basses, où il rend l'air irrespirable.

Fig. 137.

L'acide carbonique se rencontre dans un certain nombre d'eaux minérales, les eaux de Seltz, de Vichy, de Spa.

Il se produit dans la fermentation alcoolique des liquides sucrés.

C'est le résultat constant de la combustion du bois et des matières qui servent à l'éclairage.

La respiration des animaux en donne également; on le prouve facilement en soufflant dans un tube, pour le faire passer dans de l'eau de chaux, l'air qui a servi à la respiration; l'eau se trouble par le dépôt de carbonate de chaux.

Malgré toutes ces causes de production, la proportion d'acide carbonique n'augmente pas dans l'air; il y en a toujours de 4 à 6 dix-millièmes seulement. C'est que ce gaz disparaît constamment; il est enlevé par l'eau et par les plantes.

L'eau de pluie en dissout des quantités notables en traversant l'atmosphère et elle devient capable d'enlever au sol sur lequel elle coule différents sels métalliques qui lui donnent ses propriétés fertilisantes.

Fig. 138.

De leur côté, les végétaux, sous l'influence de la lumière décomposant l'acide carbonique de l'air, fixent le carbone et rejettent l'oxygène. On met ce fait hors de doute en exposant au soleil une plante d'eau, un potamogeton, dans un flacon renversé plein d'une dissolution d'acide carbonique. Après quelques heures, on retrouve un gaz dans le haut du flacon et ce gaz c'est de l'oxygène.

L'acide carbonique existe aussi à l'état de carbonates en masses considérables dans le sol.

On est prévenu de la présence de l'acide carbonique dans une enceinte quand une bougie allumée s'y éteint. Si on y doit pénétrer, il faut renouveler l'air par une ventilation énergique ou bien absorber l'acide carbonique en jetant dans l'enceinte de l'eau ammoniacale.

245. **Préparation.** — 1° Le moyen qui paraît au premier

abord le plus simple pour obtenir l'acide carbonique, c'est de brûler du charbon à l'air. On recueille en effet le gaz carbonique, mais il est mélangé à l'azote; toutefois l'industrie utilise ce procédé aussi peu coûteux qu'il est simple.

2° On peut encore l'obtenir en décomposant un carbonate par la chaleur, le carbonate de calcium qui est extrêmement commun, par exemple :

$$CaOCO^2 = CaO + CO^2;$$

la chaux reste comme résidu et l'acide se dégage. Ce n'est pas un procédé de laboratoire; mais certaines industries s'en servent avec profit.

3° Dans les laboratoires, on décompose le carbonate de calcium par un acide, l'acide chlorhydrique ou l'acide sulfurique :

$$CaOCO^2 + HCl = CaCl + HO + CO^2,$$
$$CaOCO^2 + HOSO^3 = CaOSO^3 + HO + CO^2;$$

avec ce dernier, il est bon d'agiter la masse, à cause de l'insolubilité dans l'eau du sulfate de calcium formé. L'opération se fait dans un flacon à deux tubulures et on recueille le gaz sur l'eau.

C'est le dernier moyen qui est généralement employé pour obtenir les **eaux gazeuses**; une pompe refoule l'eau dans un réservoir ainsi que l'acide carbonique, sous une pression de 4 à 6 atmosphères; les siphons sont remplis avec ce liquide. Tout le monde sait que, quand on les ouvre, l'acide se dégage avec effervescence.

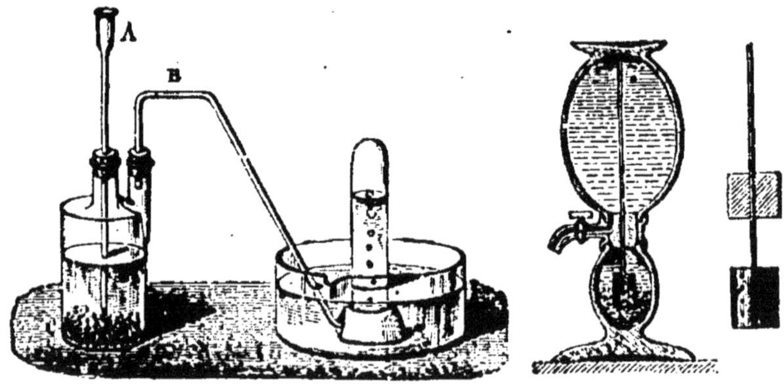

Fig. 129. Fig. 130.

4° Dans les ménages où l'on prépare soi-même l'eau gazeuse, on emploie un double vase dont les deux parties se vissent fortement l'une sur l'autre (fig. 130). La grande est remplie d'eau; on met dans la petite deux poudres, du **bicarbonate de soude** et de l'**acide tartrique**; on revisse l'appareil et on le retourne. L'eau vient mouiller les poudres, leur réaction s'opère, l'acide se dégage, il monte par un tube du vase inférieur dans le vase supérieur où il se fait pression à lui-même et se dissout dans l'eau. On tire celle-ci, chargée d'acide, par un robinet.

Une eau gazeuse qu'on abandonne à l'air cesse d'être fortement aigrelette; elle ne conserve que peu d'acide carbonique.

OXYDE DE CARBONE CO.

246. Propriétés physiques. — L'oxyde de carbone est un gaz incolore, inodore, peu soluble dans l'eau et permanent. Il pèse, comme l'azote, 14 fois plus que l'hydrogène. Le poids du litre est 1gr,25

247. Propriétés chimiques. — Il est combustible; il brûle avec une flamme bleue en dégageant beaucoup de chaleur et en produisant de l'acide carbonique que l'on constate par l'eau de chaux.

Il prend l'oxygène aux corps composés, notamment aux oxydes métalliques, dont il dégage les métaux; c'est le **réducteur** employé dans l'industrie.

Le charbon qu'on mélange aux minerais métalliques est destiné à produire l'oxyde de carbone qui les réduit, en même temps que la chaleur qui fond les métaux. On démontre cette propriété réductive en faisant passer un courant d'oxyde de carbone sur de l'oxyde de cuivre chauffé au rouge dans un tube et en dirigeant le gaz qui s'en échappe dans de l'eau de chaux :

$$CuO + CO = Cu + CO^2.$$

Il reste dans le tube du cuivre métallique et il se dégage de l'acide carbonique.

248. Action physiologique. — C'est un gaz extrêmement vénéneux qui occasionne la mort quand il y en a seulement 1 ou 2 centièmes dans l'air; c'est lui qui produit toutes les asphyxies par le charbon. Il empêche l'hématose du sang. Il faut donc éviter avec soin les causes qui peuvent le produire dans les appartements, et proscrire l'emploi des braseros, réchauds allumés que l'on place au milieu des chambres dans les contrées méridionales. Il faut n'allumer du charbon que sous une cheminée à bon tirage; on voit souvent l'oxyde de carbone se révéler par une flamme bleue au-dessus d'un fourneau allumé; il se produit en effet toutes les fois que l'acide carbonique traverse une couche de charbon chauffé. Ce gaz vénéneux se dégage donc quand on couvre de charbon noir un réchaud contenant des charbons allumés ou quand on arrête brusquement le tirage d'un fourneau chargé de combustibles.

Quand il s'en répand dans un appartement, il cause des maux

de tête ou des vertiges; il faut alors établir de suite une ventilation énergique.

249. Usages. — L'oxyde de carbone joue un rôle considérable dans la métallurgie.

C'est lui qui est brûlé dans les **fours à combustible gazeux.** Le coke est accumulé en couche épaisse sur une grille inclinée qu'on fait traverser par un fort courant d'air. Cet air, au contact du coke allumé, produit de l'acide carbonique; mais celui-ci, au contact du charbon, redevient de l'oxyde de carbone qu'on envoie par des conduits dans le four où il doit brûler et dégager de la chaleur.

250. Préparation. — On peut l'obtenir, comme nous l'avons

Fig. 131.

vu, en faisant passer de l'acide carbonique sur du charbon

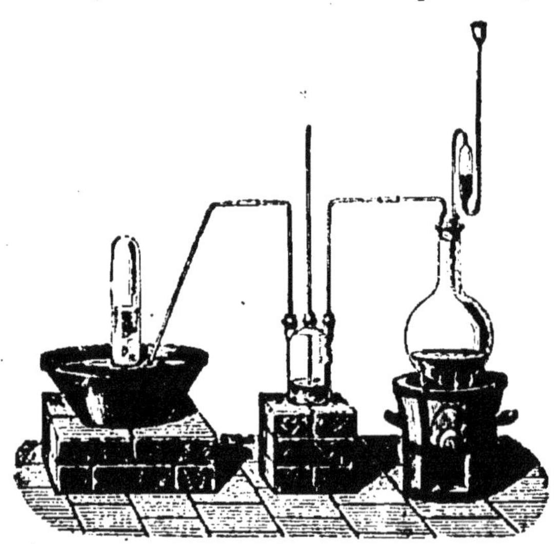

Fig. 132.

chauffé au rouge. Mais on préfère attaquer dans un ballon, par l'acide sulfurique, soit l'acide formique, soit l'acide oxalique.

Le premier donne un gaz très-pur, l'acide sulfurique retient l'eau :

$$C^2H^2O^4 - 2HO = 2CO.$$
(acide formique)

Le second donne un mélange d'acide carbonique et d'oxyde de carbone; on retient le gaz carbonique dans un flacon contenant de la potasse; on recueille l'oxyde de carbone sur l'eau :

$$C^2O^3HO - HO = CO^2 + CO.$$
(acide oxalique)

CHAPITRE XXII.

COMBINAISONS DU CARBONE AVEC L'HYDROGÈNE.

231. L'hydrogène et le charbon ne se combinent directement qu'avec beaucoup de difficulté; mais il existe dans la nature un grand nombre de leurs combinaisons, soit dans le sol comme les pétroles, soit dans les végétaux comme les essences, soit enfin dans la décomposition des matières organiques. On donne à ces composés indifféremment le nom de **carbures d'hydrogène** ou celui **d'hydrogènes carbonés.** Leur étude fait plus particulièrement partie de la chimie organique. Nous en étudierons deux seulement, le **protocarbure** et le **bicarbure.**

PROTOCARBURE D'HYDROGÈNE C^2H^4

232. Propriétés. — Le protocarbure d'hydrogène, appelé encore **gaz des marais,** est un gaz incolore, inodore et sans saveur, qui pèse 8 fois plus que l'hydrogène; le poids du litre est :

$$8 \times 0,0895 = 0,706 .$$

Il est combustible, il brûle avec une flamme pâle, en produisant de l'eau et de l'acide carbonique. Des deux corps combustibles dont il est formé, c'est l'hydrogène qui brûle le premier; aussi, quand l'oxygène fourni est insuffisant, tout le carbone ne peut pas brûler.

Fig. 133.

La combustion complète produit une détonation si vive que les vases où on l'opère sont souvent brisés; il faut toujours les entourer d'un linge mouillé :

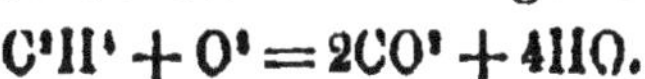

$$C^2H^4 + O^8 = 2CO^2 + 4HO.$$

C'est le mélange de 1 de protocarbure avec 2 d'oxygène ou 7 ou 8 d'air qui produit cette puissante détonation.

253. État naturel. — Le protocarbure d'hydrogène prend naissance par la décomposition des matières organiques dans les marais. Quand on agite avec un bâton la vase d'une eau stagnante, il se dégage des bulles de gaz que l'on peut recueillir dans un flacon plein d'eau, renversé et muni d'un entonnoir (fig. 145); c'est ainsi qu'on recueillait autrefois le **gaz des marais**.

Fig. 134.

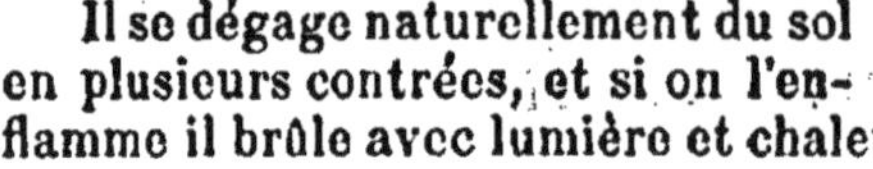

Il se dégage naturellement du sol en plusieurs contrées, et si on l'enflamme il brûle avec lumière et chaleur.

254. Grisou. — Il se trouve souvent en grande abondance confiné entre les assises des mines de houille, et quand il se dégage et qu'il se mélange avec l'air des galeries souterraines, il forme le **grisou** détonant, qui, au contact d'une flamme, produit des explosions terribles et des accidents excessivement désastreux.

255. Préparation. — Pour l'obtenir dans les laboratoires, on décompose, dans une cornue de verre vert, l'acide acétique :

$$C^4H^4O^4 = C^2O^4 + C^2H^4;$$

on prend l'acide acétique déjà combiné, sous forme d'acétate de sodium, que l'on fait chauffer avec de la chaux sodée pour rendre la décomposition plus facile et fixer l'acide carbonique produit.

BICARBURE D'HYDROGÈNE C^4H^4.

256. Propriétés. — C'est un gaz incolore, sans saveur, d'une légère odeur empyreumatique, un peu plus léger que l'air; il pèse 14 fois plus que l'hydrogène; le poids du litre est :

$$14 \times 0{,}0896 = 1^{gr},254.$$

Il est un peu soluble dans l'eau, plus soluble dans l'alcool dont 1 litre dissout 3 litres de gaz. On a pu le liquéfier.

Il est combustible; il brûle à l'air avec une longue flamme blanche très-éclairante, en produisant de l'eau et de l'acide carbonique. Si l'air n'arrive pas en assez grande abondance, il se dépose du charbon sous forme de noir de fumée sur les parois de l'éprouvette :

$$C^4H^4 + 8O = 4HO + 2CO^2 + 2C.$$

Fig. 135.

Il détone très-violemment par sa combustion complète, quand

on le mélange de 3 volumes d'oxygène et qu'on l'enflamme :

$$C^4H^4 + 12O = 4HO + 4CO^2.$$

Le flacon où l'on fait produire l'explosion est toujours brisé ; aussi faut-il l'entourer d'un linge épais mouillé, pour retenir les éclats de verre.

237. Action du chlore. — Si on remplit de bicarbure d'hydrogène le tiers d'une grande éprouvette à pied, qu'on achève de la remplir avec du chlore, qu'on retourne l'éprouvette et qu'on la ferme, les deux gaz se mélangent.

Si on y met le feu et qu'on referme, une lueur vive se produit et un nuage épais de charbon remplit l'éprouvette. C'est un exemple frappant d'une combustion où l'oxygène n'a joué aucun rôle et où un corps combustible, le charbon, a été déposé sans brûler pendant que l'hydrogène se combinait au chlore :

$$C^4H^4 + 4Cl = 4HCl + 4C.$$

238. Liqueur des Hollandais. — Quand on mélange des volumes égaux de chlore et de bicarbure d'hydrogène, les deux gaz se combinent en diminuant considérablement de volume et donnent un liquide huileux, d'une odeur éthérée, qu'on appelle **liqueur des Hollandais** :

$$C^4H^4 + 2Cl = C^4H^4Cl^2.$$

Cette propriété a fait appeler le bicarbure d'hydrogène **gaz oléfiant.**

239. Préparation. — Pour obtenir le bicarbure d'hydrogène, on chauffe dans un ballon un mélange d'alcool et d'acide sulfurique auquel on a ajouté du sable pour rendre la décomposition

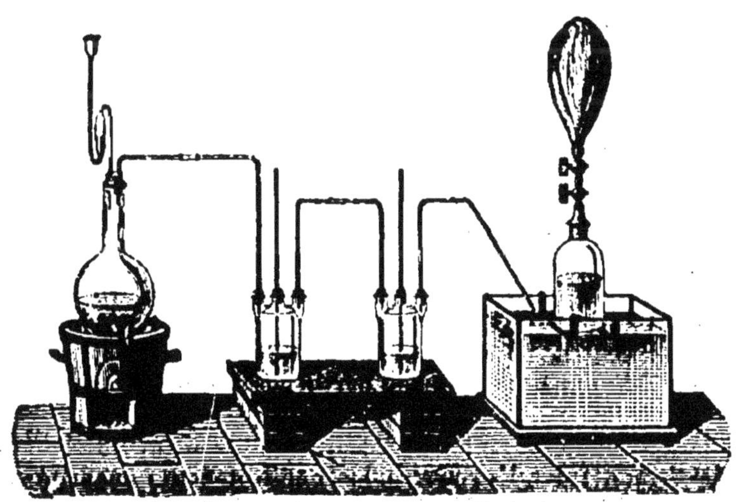

Fig. 136.

régulière. Quand la température atteint 160°, le gaz se dégage ;

on le fait laver dans un flacon contenant de la potasse et on le recueille sur l'eau.

L'alcool peut être considéré comme formé de bicarbure d'hydrogène et d'eau :

$$C^4H^6O^2 = C^4H^4 + 2HO.$$

L'acide sulfurique retient cette eau et le gaz se dégage.

260. Gaz d'éclairage. — Le gaz que l'on emploie si communément à l'éclairage et au chauffage est formé en grande partie d'un mélange des deux carbures précédents. On sait qu'il détone avec l'air et que les fuites en sont dangereuses.

On l'obtient en distillant la houille en vase clos. Il se dégage avec du goudron dont on le débarrasse par l'épuration avant de l'envoyer dans les gazomètres où on le conserve pour l'usage.

FLAMME.

261. La flamme est toujours un gaz ou une vapeur en combustion; les seuls corps qui brûlent avec flamme sont ceux que la chaleur peut volatiliser; ainsi le fer brûle sans flamme, et le zinc, volatil à une température élevée, brûle avec une flamme brillante.

Les gaz, portés à une haute température, ne sont pas tous lumineux. Nous avons vu que la flamme de l'hydrogène pur est très-peu éclairante, bien qu'elle soit très-chaude, mais qu'on lui donne de l'éclat en y plaçant des corps solides, ou en y faisant brûler un corps comme la benzine qui y dépose du charbon disséminé, dont les particules échauffées produisent l'éclat de la flamme. Les flammes les plus lumineuses sont donc celles qui contiennent des matières solides; on s'en assure en plaçant un corps froid dans une flamme très-éclairante; il s'y couvre d'un abondant dépôt de noir de fumée.

262. Constitution de la flamme. — La flamme d'un corps simple est homogène; mais il n'en est pas de même des flammes ordinaires, comme celles du gaz d'éclairage, de l'huile, de la bougie. On y distingue trois parties principales :

1° Au centre, où arrive le gaz ou la vapeur du corps solide qui brûle, est une partie obscure dont la température est peu élevée.

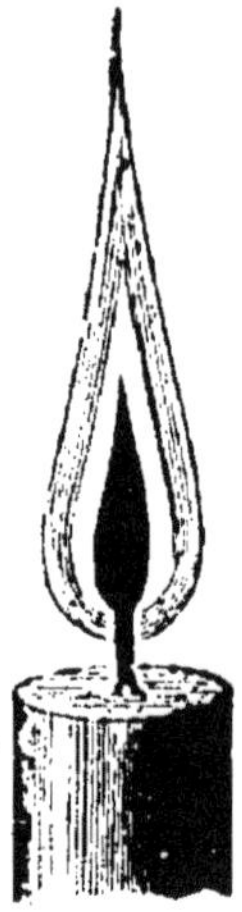

Fig. 137.

2° Autour de cette portion centrale est l'enveloppe brillante. Là, l'air arrive, mais en trop petite quantité; la combustion est incomplète; le gaz qui brûle contient du charbon incandescent disséminé, qui devient éclairant.

3° Autour de l'envelopppe brillante est une troisième enveloppe peu éclairante, mais très-chaude; la combustion y est complète, tout le charbon y brûle, puisque l'air y est toujours en excès, et il n'y reste aucun corps solide.

203. Moyen de rendre une flamme plus chaude. — Puisque la température est d'autant plus élevée que la combustion est plus complète, on rendra plus chaude une flamme ordinaire en y insufflant de l'air soit avec un chalumeau, soit par un moyen quelconque. Mais la flamme perdra en éclat, et on pourra même l'amener à être peu visible. Le bec à gaz de **Bunsen** permet une démonstration facile de ce fait; on diminue le volume et le brillant de la flamme qu'il donne en découvrant de plus en plus les ouvertures latérales, qui livrent passage à l'air; et la flamme devient assez chaude pour ramollir le verre et permettre de le travailler.

Fig. 138.

Quand la flamme est ainsi devenue à peine visible et qu'on y chauffe un corps solide, un tube de verre par exemple, la flamme redevient brillante au-dessus du corps solide chauffé; elle doit cet éclat aux particules que le solide lui cède et que la haute température rend incandescentes.

204. Toiles métalliques. — Il est évident que si on refroidit suffisamment les gaz d'une flamme, elle doit s'éteindre; c'est ce qui arrive quand on souffle une bougie. Si l'on place au milieu d'une flamme une toile métallique à mailles serrées, on refroidit assez les gaz pour qu'ils cessent de brûler. Ils continuent à traverser la toile; on peut même les enflammer au-dessus en les réchauffant; mais au contact des fils métalliques bons conducteurs ils ont perdu leur température et avec elle la propriété de rester lumineux.

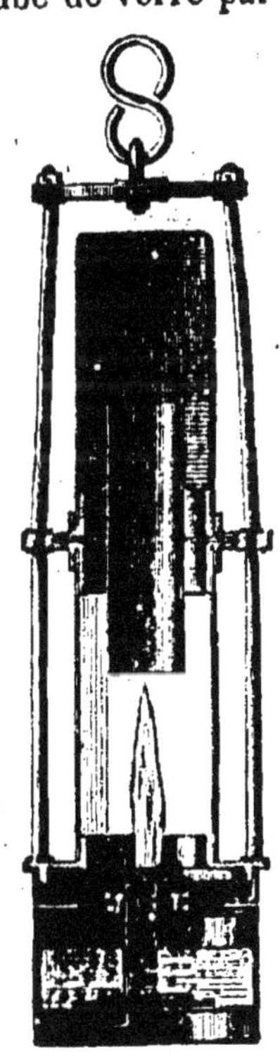

Fig. 139.

205. Lampe de sûreté. — Davy a utilisé cette propriété pour construire une lampe destinée à prévenir les accidents si terribles du grisou. Telle qu'elle est aujourd'hui, c'est une lampe à huile surmontée d'un cylindre de verre épais qui porte au-dessus de lui un cylindre en toile métallique très-fine. Au-dessus de la mèche est une petite cheminée de cuivre destinée à activer le tirage et une spirale de platine qui reste incandescente si la lampe s'éteint par suite de la présence du grisou. Dans l'air, la lampe se comporte comme une lampe ordinaire; mais si l'air est mélangé de carbures d'hydrogène, il se produit dans la lampe une explosion que la toile métallique empêche de se communiquer au dehors. L'ouvrier est ainsi averti de la présence du grisou et de la nécessité qu'il y a de faire aérer immédiatement la galerie où il se trouve.

CHAPITRE XXIII.

COMBINAISONS DU CARBONE AVEC LE SOUFRE ET L'AZOTE.

SULFURE DE CARBONE CS^2.

206. Le carbone et le soufre se combinent directement pour donner le sulfure de carbone. On produit ce corps dans les laboratoires en chauffant du charbon dans un tube de porcelaine incliné; on introduit dans la partie la plus élevée du tube des fragments de soufre qui distille sur la colonne de charbon rouge; la vapeur de sulfure de carbone formé traverse une allonge inclinée et recourbée et vient se condenser dans un flacon refroidi.

Fig. 110.

On trouve aujourd'hui le sulfure de carbone dans le commerce à un prix très-modéré.

207. Propriétés. — C'est un liquide incolore, d'une odeur très-désagréable; il est très-volatil. Il dissout le soufre, l'iode, les corps gras et le caoutchouc.

Il est combustible; chauffé à l'air, il s'enflamme et brûle avec une flamme bleue en produisant les acides sulfureux et carbonique.

$$CS^2 + O^6 = CO^2 + 2SO^2.$$

Il s'enflamme, même à distance, à cause de sa volatilité. Il donne avec l'air des mélanges explosifs qui en rendent le maniement dangereux.

Sa composition (CS^2) en fait l'analogue de l'acide carbonique (CO^2); on l'a parfois appelé, pour cette raison, acide **sulfocarbonique**. Quand on le combine avec les alcalis, il donne des sels appelés **sulfocarbonates** dont quelques-uns ont été conseillés pour détruire le phylloxéra.

Ces sels sont les analogues des carbonates, le soufre remplaçant l'oxygène :

Carbonate de potassium, $KOCO^2$,
Sulfocarbonate — , $KSCS^2$.

268. Usages. — On l'utilise pour vulcaniser le caoutchouc, c'est-à-dire pour y incorporer du soufre qui lui donne une élasticité permanente; pour retirer les corps gras, autrefois perdus, des chiffons ayant servi au graissage des machines et de bien d'autres corps; pour extraire les essences et les parfums; pour séparer le phosphore rouge du phosphore ordinaire.

CYANOGÈNE C^2Az ou Cy.

269. Le carbone et l'azote ne se combinent qu'à l'état naissant et quand un métal réunit leurs affinités. Leur groupement C^2Az a reçu le nom de **cyanogène**; on pourrait tout aussi bien l'appeler **azoture de carbone**.

270. Propriétés. — C'est un gaz incolore, d'une odeur vive qui rappelle celle du kirsch; il est soluble dans l'eau; on le recueille sur le mercure.

Il brûle dans l'air avec une belle flamme pourpre, en donnant de l'acide carbonique et de l'azote :

$$C^2Az + O^4 = 2CO^2 + Az.$$

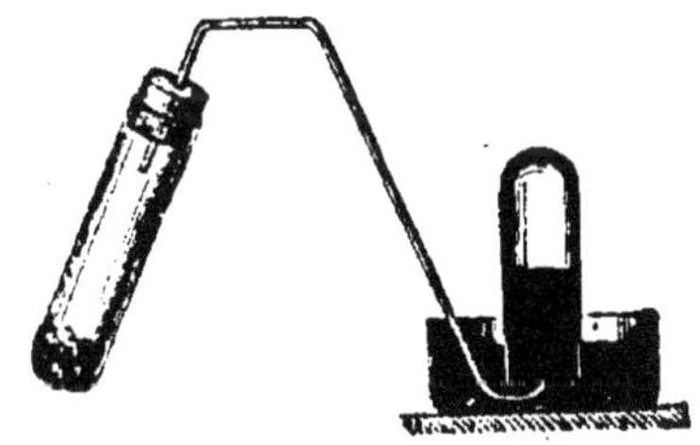

Fig. 111.

Avec les métaux et avec l'hydrogène, il se comporte comme le chlore; aussi on le figure par un symbole simple Cy, bien qu'il soit un corps composé, et on appelle **cyanures** ses combinaisons métalliques et acide **cyanhydrique** l'acide qu'il donne avec l'hydrogène; on figure donc :

Les *cyanures* par MCy ou MC^2Az;
L'acide *cyanhydrique* par HCy ou HC^2Az.

271. Préparation. — Pour l'obtenir, on chauffe dans un

tube du cyanure de mercure; le métal se volatilise et se dépose en gouttelettes dans le haut du tube; le cyanogène, devenu libre, se dégage:

$$HgCy = Hg + Cy,$$
$$Hg(C^2Az) = Hg + (C^2Az).$$

272. Acide cyanhydrique. — Quand on attaque le cyanure de mercure par l'acide chlorhydrique, il se dégage de l'acide cyanhydrique (acide prussique).

$$HgCy + HCl = HgCl + HCy.$$

C'est le poison le plus violent que l'on connaisse; il a servi à des empoisonnements tristement célèbres.

273. Cyanure de potassium, KCy ou KC^2Az. — Quand on fait passer de l'azote à une température élevée sur du charbon chauffé imprégné de carbonate de potassium, ce métal fixe l'azote au carbone et produit le **cyanure de potassium** avec lequel on peut préparer tous les autres composés du cyanogène.

Le même corps se produit par la calcination des matières organiques azotées en présence de carbonate de potassium.

C'est Gay-Lussac qui a découvert le cyanogène en 1814 et fait voir qu'un corps composé peut jouer dans les combinaisons le rôle chimique que l'on n'avait jusque-là attribué qu'aux corps simples.

CHAPITRE XXIV.

MÉTAUX ET ALLIAGES.

274. Nous avons défini les métaux des corps simples, doués d'un éclat particulier, appelé **éclat métallique**, bons conducteurs de la chaleur et de l'électricité, donnant presque toujours des **oxydes** avec l'oxygène.

Ils sont en général plus denses que l'eau, mais ils diffèrent beaucoup de densité. On donnerait de ces différences de densité la démonstration la plus évidente en coulant un même poids, 100 grammes par exemple, de tous les métaux en un cylindre de même base; si cette base était de 1 centimètre carré, la longueur du cylindre serait :

Pour le platine. . . $4^{cm},35$,
— l'or. . . . . $5^{cm},2$,
— le plomb . . . $8^{cm},4$,

pour l'argent. 10cm,
— le cuivre. . . . 11cm,36,
— le fer. 13cm,
— le magnésium . 57cm.

Nous avons étudié les principales propriétés physiques des métaux dans un des premiers chapitres de ce livre.

275. Classification des métaux. — On n'a pas encore réussi à établir une classification naturelle des métaux, c'est-à-dire à faire des groupes où chaque métal possède un ensemble de caractères communs à tous ceux du même groupe. On n'a que la classification artificielle proposée par Thénard au commencement de ce siècle. Elle ne s'appuie que sur un caractère, l'affinité des métaux pour l'oxygène, constatée par la température à laquelle leurs oxydes se forment ou se réduisent et par la manière dont les métaux décomposent l'eau.

Voici cette classification :

Première section. — Elle comprend des métaux qui décomposent l'eau à la température ordinaire, et dont les oxydes ne peuvent être décomposés par la chaleur :

Métaux alcalins	Potassium, Sodium,	Lithium[1], Cæsium, Rubidium, Thallium
— alcalino-terreux	Baryum, Calcium,	Strontium.

On prouve facilement que le potassium décompose l'eau ; jeté sur ce liquide, il brûle. On le conserve dans l'huile de naphte ainsi que le sodium.

Deuxième section. — Les métaux de ce groupe décomposent l'eau vers 80°; leurs oxydes se forment à des températures élevées, mais ne se détruisent pas facilement :

Magnésium, Manganèse, — Plusieurs métaux terreux peu connus.

On allume facilement un fil de magnésium qui brûle avec éclat et qui donne un oxyde blanc, la magnésie, par sa combustion.

Troisième section. — Les métaux décomposent l'eau au

1. Métaux peu employés.

rouge, dégagent à froid l'hydrogène des acides forts. Ils ne s'oxydent que lentement à l'air :

Zinc, Cobalt [1].
Nickel, Chrome,
Fer, Cadmium,
Uranium

Quatrième section. — Les métaux de ce groupe s'oxydent aux températures élevées, à froid ou à une douce chaleur, par l'acide azotique :

Étain,
Antimoine, Quelques autres jusqu'ici peu importants.

On peut en rapprocher **l'aluminium** qui ne s'oxyde pas aux températures élevées, mais dont l'oxyde ne peut être réduit par la chaleur seule.

Cinquième section. — Les métaux de ce groupe fixent l'oxygène au rouge, ils ne décomposent jamais l'eau, mais ils décomposent l'acide sulfurique et en dégagent le gaz sulfureux :

Cuivre, Bismuth.
Plomb,

Sixième section. — Les oxydes de ces métaux se décomposent par la chaleur et déposent le métal. Le premier peut s'oxyder à une température un peu élevée, mais les autres sont inaltérables à toute température.

Mercure, Palladium.
Argent,
Or,
Platine,

C'est le groupe des métaux précieux.

ALLIAGES.

270. On donne le nom d'*alliages* à des composés que forment les métaux fondus et agités ensemble et qui ont l'aspect métallique.

On les appelle **amalgames** quand l'un des métaux est le mercure; ainsi l'alliage de mercure et d'étain constitue l'amalgame d'étain.

Quelques alliages s'obtiennent très-facilement; tels sont les amalgames d'or, d'argent, d'étain et même de sodium; chacun de ces métaux se dissout à froid dans le mercure; mais en général, pour allier deux ou plusieurs métaux, il est nécessaire de les faire fondre.

On a cru longtemps que les alliages n'étaient que des mélanges; on les considère aujourd'hui comme des combinaisons dont

1. Métaux peu employés.

la plupart sont dissoutes dans un excès de l'un des métaux qui les forment. On sait en effet que certains métaux en s'alliant dégagent de la chaleur, qu'ils donnent des composés définis quelquefois cristallisés et dont les propriétés sont différentes de celles des métaux.

Ainsi, quand on jette un morceau de sodium fraîchement coupé dans du mercure, la chaleur de la combinaison est assez grande pour enflammer le sodium, même pour volatiliser une partie du mercure, et l'amalgame ne ressemble en rien aux deux métaux qui l'ont produit.

Mais un alliage en apparence homogène est souvent un ensemble de plusieurs combinaisons. Quand on chauffe lentement un alliage solide, il arrive que les corps les plus fusibles se séparent du reste et laissent une carcasse métallique moins fusible que l'alliage primitif; on dit qu'il y a eu **liquation**.

277. Propriétés des alliages. — Ils sont colorés quand ils renferment une forte proportion d'un métal coloré, comme le cuivre ou l'or. Ils sont cassants et bien moins malléables que les métaux qui les forment. Ainsi l'or et l'argent purs s'useraient très-vite; alliés à une petite quantité de cuivre, ils sont plus résistants et donnent l'alliage des monnaies et des bijoux. Les alliages sont fusibles, souvent plus que le plus fusible des métaux qui les composent; tel est l'**alliage de Darcet** qui fond dans la vapeur d'eau bouillante.

278. Usages. — Ils sont très-employés, à cause des propriétés spéciales de fusibilité et de dureté qu'on peut leur donner et que n'ont point les métaux seuls. Le bronze et surtout le laiton remplacent souvent le cuivre pour les usages ordinaires.

COMPOSITION DES PRINCIPAUX ALLIAGES.

Alliage	Métal	Parts	Alliage	Métal	Parts
Vaisselle et médailles	*Argent*	95	Métal anglais	*Étain*	100
	Cuivre	5		*Antimoine*	8
Bijouterie	*Argent*	80		*Bismuth*	1
	Cuivre	20		*Cuivre*	4
Bronze des canons	*Étain*	10	Soudure des plombiers	*Étain*	65
	Cuivre	90		*Plomb*	35
Laiton ou cuivre jaune	*Zinc*	20	Alliage de Darcet	*Bismuth*	8
	Cuivre	80		*Plomb*	5
Caractères d'imprimerie	*Plomb*	80		*Étain*	3
	Antimoine	20			
Maillechort	*Cuivre*	50	Monnaies	*Or ou Argent*	90
	Zinc	25		*Cuivre*	10
	Nickel	25			

CHAPITRE XXV.

ACTION DE L'OXYGÈNE SUR LES MÉTAUX. — OXYDES.

279. Action de l'oxygène sur les métaux. — Le potassium est le seul métal capable d'absorber l'oxygène sec à la température ordinaire; mais à une température élevée tous les métaux s'oxydent, excepté les métaux précieux. Nous avons vu la combustion du fer dans l'oxygène et celle du magnésium à l'air; d'autres métaux brûlent quand ils sont suffisamment divisés : ainsi le zinc s'enflamme quand il est en vapeur et l'antimoine fondu, projeté dans l'air, brûle avec vivacité.

L'oxygène ou l'air humide n'oxyde que les métaux de la première section. Mais, s'il y a présence d'un acide qui puisse se combiner à l'oxyde, comme l'acide carbonique dans l'air, tous les métaux, excepté les métaux précieux, peuvent être altérés. Ainsi le zinc, le plomb, le cuivre se recouvrent d'une couche qui ternit leur éclat; le fer, à l'air humide, se couvre de **rouille**, oxyde de fer hydraté. Le fer peut se détruire complétement par la rouille, parce que cet oxyde poreux laisse circuler l'air humide au contact du métal. Il n'en est pas de même des autres métaux; la première couche préserve le reste de l'oxydation. C'est pourquoi, pour préserver le fer, on le recouvre souvent de zinc. Les métaux précieux déposés sur les métaux altérables seraient les meilleurs préservateurs; mais leur grand prix s'oppose à leur emploi.

OXYDES MÉTALLIQUES.

280. Propriétés physiques. — Les oxydes des métaux sont tous solides, dépourvus d'éclat, d'aspect terreux, mauvais conducteurs de la chaleur et de l'électricité.

Ils sont presque tous infusibles, excepté à des températures élevées; c'est l'un d'eux, l'oxyde de calcium ou chaux, qui sert à faire les creusets où l'on fond le platine. Tous sont insolubles, à part ceux des métaux de la première section.

281. Noms des oxydes. — Leur nom est toujours formé du mot **oxyde** suivi du nom du métal : tels sont **oxyde de cuivre, oxyde de mercure.** Cependant l'usage a conservé à quelques-uns les noms qu'ils avaient avant que leur composition fût connue; ainsi l'on dit :

potasse ,	**soude** ,	**baryte** ,	**chaux** ,	**alumine** ,	**magnésie,**
oxyde de potassium,	de sodium ,	de baryum ,	de calcium ,	d'aluminium ,	de magnésium.

Comme l'oxygène se combine en plusieurs proportions avec

le même métal, qu'il donne plusieurs oxydes, on distingue ces différents composés en faisant précéder le nom d'une préfixe; c'est ainsi qu'on a :

les **protoxydes**, formule MO , (M désignant un métal);
les **sesquioxydes**, — $MO^{1\frac{1}{2}}$ ou M^2O^3 ;
les **bioxydes**, — MO^2;

et même des oxydes complexes de formule M^3O^4.

282. **Propriétés chimiques.** — Les oxydes métalliques présentent des propriétés très-variées; nous allons étudier l'action qu'exercent sur eux les différents corps simples les plus actifs.

283. **Action de l'oxygène.** — L'oxygène peut amener certains oxydes à un degré supérieur d'oxydation; ainsi le protoxyde de plomb, longtemps chauffé à l'air, se transforme en minium (Pb^3O^4); le protoxyde de fer (FeO) absorbe rapidement l'oxygène de l'air pour se transformer en sesquioxyde (Fe^2O^3).

Un métal, brûlé dans l'oxygène, donne généralement l'oxyde le plus stable de ceux qu'il peut former; tel est l'oxyde de fer Fe^3O^4, qui se produit par la combustion du fer dans l'oxygène. La chaleur peut modifier certains oxydes pour reproduire le plus stable de la série : c'est le cas pour le bioxyde de manganèse qui, chauffé, donne de l'oxygène et laisse pour résidu l'oxyde rouge (Mn^3O^4); cet oxyde rouge contenant trois atomes de manganèse, on comprend qu'il faut trois équivalents de bioxyde pour le former; la réaction, que nous n'avons pas indiquée au chapitre de l'oxygène, se formule : $3(MnO^2) = Mn^3O^4 + O^2$.

284. **Action de l'hydrogène.** — L'hydrogène *réduit* la plupart des oxydes (excepté ceux des métaux des deux premières sections); on pouvait prévoir ce résultat en se rappelant que l'hydrogène enlève l'oxygène même aux corps composés. On fait l'expérience sur l'oxyde de cuivre ou sur l'oxyde de fer; avec ce dernier, il

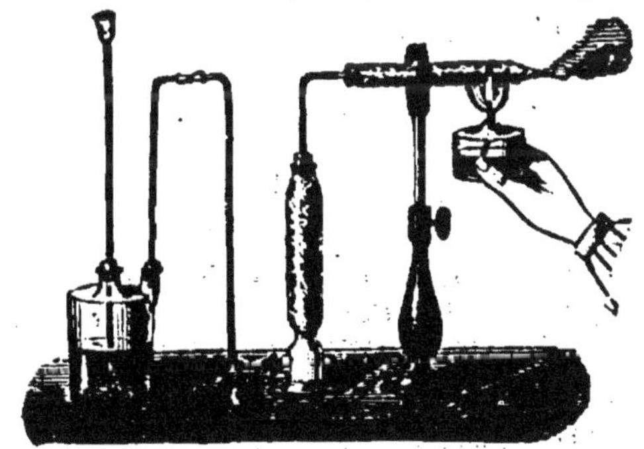

Fig. 142.

reste dans le tube du fer très-divisé qui prend feu quand on le projette dans l'air.

285. **Action du charbon.** — Le charbon agit d'une façon analogue; il prend l'oxygène et donne l'un ou l'autre de ses deux composés oxygénés suivant que la température est plus ou moins élevée.

A haute température, c'est l'oxyde de carbone qui se produit :

$$ZnO + C = Zn + CO.$$

S'il ne faut chauffer que peu, il se dégage de l'acide carbonique, exemple, dans la réduction de l'oxyde de cuivre :

$$2CuO + C = 2Cu + CO^2.$$

286. Action du chlore. — Le chlore sec enlève les métaux aux oxydes pour donner des chlorures.

Le chlore agit sur les dissolutions des oxydes solubles en donnant :

1° Des chlorures décolorants si les oxydes sont étendus :

$$2KO + 2Cl = KOClO, KCl;$$

2° Des chlorates et chlorures métalliques si la dissolution est concentrée :

$$6KO + 6Cl = KOClO^5 + 5KCl.$$

Nous avons vu le parti qu'on tire de ces réactions dans la préparation des chlorures.

287. État naturel des oxydes. — On trouve dans la terre un grand nombre d'oxydes; on les nomme minerais quand on en extrait les métaux : tels sont les oxydes de fer Fe^2O^3 et Fe^3O^4 (oxyde magnétique), l'oxyde d'étain, les oxydes du manganèse.

288. Préparation. — 1° Le moyen qui vient le premier à l'esprit pour préparer un oxyde, c'est d'oxyder le métal à l'air; on ne l'emploie cependant que pour quelques métaux : c'est ainsi qu'on produit l'oxyde de zinc et les oxydes de plomb (massicot et minium).

2° *Par calcination d'un sel.* — Si on détruit par la chaleur un sel métallique, l'acide, ou ce qui en reste par la décomposition, ordinairement volatil ou gazeux, se dégagera, et l'oxyde indestructible restera. On prépare la chaux en calcinant le carbonate de calcium (nous avons vu qu'on peut recueillir et employer l'acide carbonique qui se dégage) :

$$CaOCO^2 = CaO + CO^2.$$

On prépare l'oxyde noir de cuivre en calcinant l'azotate :

$$CuOAzO^5 = CuO + O + AzO^4.$$

3° *Voie humide.* — On peut obtenir tous les oxydes par un mélange convenable de deux dissolutions; c'est ce que l'on appelle opérer par *voie humide.*

Quand l'oxyde est insoluble, c'est le cas le plus général, on le chasse du sel dissous qui le contient par un oxyde soluble; il se *précipite* au fond du verre. L'ammoniaque, jetée dans du perchlorure de fer, produit un abondant précipité rouille, c'est :

$$Fe^2O^3.$$

Quand l'oxyde est soluble, c'est l'acide du sel dissous qu'il faut faire *précipiter* par un oxyde convenablement choisi.

De l'eau de chaux jetée dans du carbonate de potassium forme au fond du vase un précipité de carbonate de calcium; l'alcali soluble reste dans le liquide.

$$\underbrace{KOCO^2}_{\text{Sel dissous,}} + \underbrace{CaOHO}_{\text{Eau de chaux,}} = \underbrace{CaOCO^2}_{\text{Carbonate de calcium insoluble,}} + \underbrace{KOHO}_{\text{Potasse soluble.}}$$

CHAPITRE XXVI.

SULFURES ET CHLORURES MÉTALLIQUES.

289. Action du soufre sur les métaux. — Le soufre sec n'agit sur aucun métal à la température ordinaire; mais il se combine avec presque tous (à l'exception du zinc, de l'aluminium, de l'or et du platine) à une température élevée, en dégageant souvent beaucoup de chaleur et de lumière. Nous avons vu le cuivre devenir incandescent dans la vapeur de soufre.

Le soufre humide altère les métaux même à la température ordinaire; nous avons combiné la fleur de soufre et la limaille de fer sous l'influence de l'eau un peu tiède, et remarqué un dégagement de chaleur assez grand pour vaporiser l'eau.

290. Propriétés physiques des sulfures. — Les sulfures naturels présentent souvent l'éclat métallique, mais ils sont cassants; le sulfure de fer (*pyrite*) et le sulfure de plomb (*galène*) sont très-brillants. La plupart sont noirs; quelques-uns cependant présentent de vives couleurs : ainsi le sulfure de mercure (appelé vermillon) est d'un beau rouge, le sulfure de cadmium d'un beau jaune, le sulfure d'antimoine rouge orangé.

Il n'y a de solubles que ceux des métaux de la première section. Il n'y a que ceux-là non plus qui aient une odeur, celle de l'acide sulfhydrique qui s'en dégage à l'air; le sulfure d'ammonium sent particulièrement mauvais.

291. Propriétés chimiques. — Action de l'oxygène. — A haute température, l'oxygène détruit tous les sulfures; mais les produits formés diffèrent beaucoup.

Les sulfures des métaux communs (fer et cuivre) sont transformés en oxydes avec dégagement d'acide sulfureux :

$$2(FeS^2) + O^{11} = Fe^2O^3 + 4SO^2;$$

c'est la réaction qui se produit quand on chauffe fortement des pyrites de fer dans le but de dégager l'acide sulfureux, qu'on enverra aux chambres de plomb.

Cette opération, qui consiste à oxyder le sulfure à haute température, s'appelle *grillage*.

A la température ordinaire, les sulfures solubles absorbent l'oxygène de l'air et se transforment en sulfates :

$$KS + O^4 = KOSO^3.$$

Schéele s'est servi de cette propriété pour faire l'analyse de l'air.

Le sulfure de fer humide et très-divisé subit la même transformation :

$$FeS^2 + 6O = FeOSO^3 + SO^2.$$

Cette oxydation se produit parfois dans les houillères où il y a de la pyrite de fer; elle dégage assez de chaleur pour provoquer l'inflammation des masses de houille au milieu desquelles la pyrite est disséminée.

202. Action de l'hydrogène et du charbon. — Ces deux métalloïdes réduisent quelques sulfures en produisant : le premier, de l'hydrogène sulfuré; le deuxième, du sulfure de carbone.

Sulfhydrate de sulfure de potassium.

203. État naturel. — Les sulfures sont très-abondants dans la nature; ce sont les principaux minerais dont on extrait les métaux; citons les sulfures d'argent, de mercure, de zinc, de plomb, de cuivre, que l'on désigne ordinairement, du moins les trois derniers, sous le nom de *pyrites*. La pyrite de fer est commune aussi, mais on n'en retire pas le métal; on la grille pour produire l'acide sulfureux et, par lui, l'acide sulfurique.

204. Préparation des sulfures. — Il y a plusieurs procédés pour obtenir les sulfures :

1° On chauffe le métal avec du soufre; on obtient ainsi le sulfure de fer artificiel.

2° On fait agir l'acide sulfhydrique ou un sulfure soluble sur la dissolution d'un sel dont le sulfure est insoluble; celui-ci se dépose : c'est la *voie humide*, si souvent employée dans les laboratoires, surtout dans l'analyse minérale.

3° On fait dégager l'acide sulfhydrique dans une solution d'un oxyde alcalin; on forme alors un sulfhydrate, qui donne un sulfure alcalin si on lui ajoute une nouvelle portion de l'oxyde.

4° Enfin l'action du sulfure de carbone sur un oxyde chauffé peut aussi donner le sulfure.

CHLORURES MÉTALLIQUES.

205. Action du chlore sur les métaux. — A la température ordinaire, le chlore n'attaque que les métaux divisés. Nous avons vu que la poudre d'antimoine s'enflamme dans un flacon de chlore. A une température élevée, tous les métaux sont attaqués par le chlore, parce que les chlorures formés sont volatils, de telle sorte que le métal et le chlore sont toujours en contact.

206. Propriétés physiques des chlorures. — Les chlorures n'ont pas l'aspect métallique; ils ressemblent aux sels et comme eux se présentent cristallisés; tel est le sel marin (chlorure de sodium), le plus répandu de tous les chlorures.

Ils sont solubles dans l'eau, à l'exception du c[illegible] d'argent et du protochlorure de mercure. Quelques-uns sont [illegible]es. Tous sont volatils.

207. **Propriétés chimiques.** — Les chlorures sont décomposés par l'électricité; le métal se dépose au pôle — de la pile, le chlore se dégage au pôle +.

Cette propriété a permis de préparer certains métaux, le magnésium, le calcium, que l'on n'obtenait que très-difficilement par une autre méthode.

La *lumière* décompose le chlorure d'argent, le noircit et le rend insoluble dans ses dissolvants ordinaires. C'est sur cette propriété que repose l'emploi du papier photographique.

298. **Action de l'hydrogène et des métaux.** — L'hydrogène décompose les chlorures, produit de l'acide chlorhydrique et met le métal en liberté. On fait l'expérience sur du chlorure d'argent placé dans le tube à réduction des oxydes (fig. 152); le gaz qui sort du tube produit des vapeurs visibles et rougit le papier de tournesol.

En présence d'un **métal**, le zinc, la réduction du chlorure s'opère lentement; il se dépose de l'argent métallique en poudre grise; il reste du chlorure de zinc dissous. Pour réaliser cette réduction, on met le chlorure d'argent dans un verre, sous un peu d'eau; on ajoute une goutte d'acide chlorhydrique et on plante une lame de zinc dans le chlorure qui ne tarde pas à noircir autour de la lame, en se réduisant. Voici les réactions qui s'opèrent :

$$Zn + HCl = ZnCl + H$$

$$H + AgCl = Ag + HCl.$$

Il suffit de laver la poudre d'argent pour avoir ce métal pur, et de la fondre pour avoir le métal avec son éclat brillant.

Le *sodium* peut déplacer l'aluminium de son chlorure : c'est cette réaction qui est utilisée pour préparer l'aluminium.

299. **Action de l'eau.** — L'eau décompose quelques chlorures en produisant l'oxyde et l'acide chlorhydrique :

$$MCl + HO = MO + HCl.$$

En versant de l'eau sur le chlorure d'antimoine, on obtient une poudre blanche d'oxyde imprégnée du chlorure non décomposé.

Le chlorure de magnésium en dissolution laisse passer de l'acide chlorhydrique à la distillation; il a été décomposé par l'eau. Il faut tenir compte de ce fait dans la préparation de l'eau distillée quand on la veut absolument exempte d'acide chlorhydrique.

Fig. 143.

300. Préparation. — Voici les moyens les plus usuels pour obtenir les chlorures :

1° *L'action du chlore* sur le métal chauffé ; on produit ainsi le bichlorure d'étain ;

2° *L'action de l'eau régale*, qui agit par son chlore ; elle peut seule donner le chlorure d'or et le chlorure de platine ;

3° *L'action de l'acide chlorhydrique* sur le métal, sur un oxyde, un sulfure, un sel solide ou dissous. C'est ainsi que nous avons préparé le chlorure de zinc, le chlorure d'antimoine qui reste comme résidu dans la préparation de l'hydrogène sulfuré, le chlorure de calcium, résidu de la préparation de l'acide carbonique, et le chlorure d'argent :

$$Sb^2S^3 + 3HCl = Sb^2Cl^3 + 3HS,$$
$$CaOCO^2 + HCl = CaCl + HO + CO^2.$$

4° On remplace l'acide chlorhydrique par le sel marin :

$$HgOSO^3 + NaCl = NaOSO^3 + HgCl;$$

on obtient ainsi le chlorure de mercure que l'on sépare en le volatilisant.

CHAPITRE XXVII.

SELS.

301. Définition. — On désigne ordinairement sous le nom de **sel** un composé formé par l'union, la combinaison d'un acide et d'une base. Si l'on verse dans une dissolution de potasse, qui bleuit le tournesol, de l'acide sulfurique qui rougit vivement le même réactif, il arrive un moment où le liquide ne rougit plus, ni ne bleuit plus le tournesol ; on dit que l'acide a *neutralisé* la base. Il s'est formé un *sel* par leur combinaison. Si, en effet, on évapore le liquide, on obtient un corps cristallisé qui ne ressemble ni à la potasse ni à l'acide dont il est formé ; c'est le **sulfate de potasse**.

Nous avons appelé **acides** les corps qui rougissent la teinture de tournesol. Il faut étendre cette désignation à tous ceux qui se comportent dans leurs réactions comme les acides sulfurique et azotique, c'est-à-dire qui sont capables de neutraliser les bases comme la potasse, la soude ou la chaux.

De même nous donnons le nom de **bases**, non pas seulement aux corps qui bleuissent le tournesol rouge, mais aux corps qui se comportent vis-à-vis des acides forts, l'acide sulfurique, azotique ou carbonique, comme la potasse, la soude ou la chaux.

On étend aujourd'hui la définition du sel, et on fait rentrer sous ce nom tout corps, ordinairement cristallisé, qui ressemble à un acide où l'hydrogène a été remplacé par un métal.

302. Propriétés physiques. — Tous les sels sont solides et plus lourds que l'eau.

La plupart sont blancs ou incolores, mais quelques-uns sont colorés. Ainsi les sels d'or sont jaunes; ceux de cuivre, bleus ou verts; ceux de cobalt, bleus ou roses; ceux de fer, verts ou rougeâtres; ceux de manganèse, roses.

La couleur est variable avec la quantité d'eau que contient le sel. Ainsi le sulfate de cuivre, qui est d'une belle couleur bleue, en solution ou en cristaux, devient incolore quand on le dessèche; mais il peut reprendre sa couleur primitive si on lui rend l'eau qu'on en avait chassée.

Le chlorure de cobalt est rose quand il est hydraté, bleu quand il se dessèche, et il redevient rose en reprenant l'humidité de l'atmosphère ou en général de l'eau où il se dissout.

La saveur des sels est également très-variable; ceux de soude sont salés, témoin le sel de cuisine; ceux de magnésie sont amers et ceux d'alumine très-astringents.

303. Action de l'eau sur les sels. — L'eau dissout un très-grand nombre de sels; mais elle est absolument sans action sur quelques-uns. La quantité d'un sel qui se dissout dans l'eau varie avec la température; généralement, elle augmente quand la température s'élève, comme nous l'avons montré, au commencement du cours, pour le salpêtre; mais quelques substances, comme le sel marin, ne se dissolvent pas mieux à chaud qu'à froid.

Parmi les sels, un des plus curieux sous ce rapport est le sulfate de soude, qu'on appelait autrefois **sel admirable de Glauber**, à cause de la grosseur et de la beauté de ses cristaux. C'est à la température de 33° que l'eau en dissout le plus, qu'elle se *sature* du sel. Si on la laisse refroidir, au repos, elle peut néanmoins garder tout le solide qu'elle a dissous, mais la moindre agitation le fait prendre instantanément en cristaux; on dit qu'une telle solution est **sursaturée**.

La dissolution d'un sel dans l'eau peut produire un abaissement parfois assez considérable de température, un *mélange réfrigérant;* tel est l'azotate d'ammonium mêlé à son poids d'eau, ou un mélange de 8 parties de sulfate de soude et de 5 d'acide chlorhydrique, ou encore 5 parties de sel ammoniac, 5 de salpêtre et 16 d'eau.

Mais si le sel est avide d'eau, s'il peut se combiner avec ce liquide, changer, à son contact, de nature et de propriétés, la dissolution amène un dégagement de chaleur. Ce phénomène a lieu notamment quand on jette dans l'eau le chlorure de calcium anhydre. On emploie ce corps pour enlever l'humidité à certains gaz.

304. Sels efflorescents et déliquescents. — Quand on expose à l'air un sel comme le carbonate de soude, qu'on appelle vulgairement cristaux de soude, il perd peu à peu sa transparence; son poids diminue; il se transforme en une masse farineuse blanche; on le dit *efflorescent*.

Si au contraire le sel prend l'humidité de l'air, s'il augmente de poids, qu'il se liquéfie, comme le carbonate de potasse, on le dit *déliquescent*.

305. Nature de l'eau dans les sels. — Quand on fait cristalliser un sel, les diverses couches de particules très-fines dont l'ensemble constitue le cristal peuvent emprisonner entre elles un peu du liquide dans lequel les cristaux se sont formés. Cette eau, ainsi emprisonnée, s'appelle **eau d'interposition.** Elle se résout en vapeur et fait éclater les cristaux quand on les jette sur des charbons allumés; c'est ainsi que le sel de cuisine décrépite lorsqu'il est jeté sur le feu.

Un certain nombre de sels paraissent avoir besoin d'une quantité déterminée d'eau, pour prendre la forme qui leur est propre, pour cristalliser; on l'appelle **eau de cristallisation**; tels sont les sulfates de cuivre et de fer; on ne les détruit pas chimiquement en les desséchant; mais ils ne peuvent reprendre leur forme caractéristique qu'à l'aide de l'eau dont ils s'emparent pour cristalliser.

Enfin l'eau peut jouer un troisième rôle dans les sels; elle peut s'y incorporer, en faire partie intégrante, à tel point qu'on ne peut la chasser sans détruire le sel et sans changer sa nature; elle est dite dans ce cas **eau de constitution** : les phosphates en offrent un exemple.

306. Action des agents physiques sur les sels. — La chaleur déshydrate les sels hydratés, en fait fondre un certain nombre et finalement en décompose la plupart, facilement quand l'acide est gazeux ou la base volatile, plus difficilement quand l'acide et la base sont fixés.

Ainsi la chaleur décompose les calcaires les plus durs (carbonates de chaux) et chasse l'acide carbonique gazeux; tandis qu'elle est sans action sur les silicates, qu'elle fond sans les décomposer.

L'électricité décompose certains sels et dépose le métal; la galvanoplastie, l'argenture et la dorure sont fondées sur cette propriété.

La lumière agit sur les sels d'argent, dont elle noircit quelques-uns; la photographie est fondée entièrement sur cette remarquable action.

307. Action des métaux sur les sels. — Un métal convenablement choisi, plongé dans la dissolution d'un sel, précipite le métal du sel et prend sa place dans la dissolution.

L'exemple le plus frappant est celui de la précipitation du cuivre par le fer. Dans une dissolution étendue de sulfate de cuivre, d'un bleu clair, on plonge une lame de fer ou une aiguille; le fer se couvre instantanément de cuivre rouge. Si on laisse le phénomène continuer, le cuivre en poudre rouge se dépose au fond du verre; la solution perd sa couleur bleue, pour prendre la teinte verte qui caractérise les sels de fer; le liquide se couvre même d'une couche ocreuse parce que le sel de fer formé se suroxyde à l'air.

Un des exemples les plus élégants de cette précipitation des métaux, c'est la production de **l'arbre de Saturne.**

Dans un flacon rempli d'une dissolution étendue d'acétate de plomb, on plonge une lame de zinc qui supporte plusieurs fils de laiton disposés pour figurer les branches d'un arbre dont le zinc serait le tronc. Au bout de quelques jours, les fils du laiton se couvrent de lamelles cristallines de plomb, très-brillantes, qui offrent l'aspect d'une arborescence métallique.

CHAPITRE XXVIII.

ÉTUDE DE QUELQUES SELS IMPORTANTS

Les sels sont nombreux, puisque chaque acide peut en donner un ou plusieurs avec chaque base, c'est-à-dire avec les oxydes des différents métaux.

Nous en étudierons seulement quelques-uns parmi les plus importants.

CARBONATE DE CHAUX.

308. **État naturel.** — On trouve ce carbonate sous des états très-divers dans la nature; c'est lui qui forme presque toutes les pierres à bâtir et les immenses bancs de craie qui constituent les puissantes assises du terrain crétacé.

Les **marbres** sont des variétés de carbonates de chaux, colorées en noir par des matières charbonneuses, ou de diverses couleurs par des oxydes métalliques disséminés dans leur masse. Ils sont susceptibles d'un beau poli qui en fait rechercher l'emploi.

L'**albâtre** est aussi du carbonate de chaux, translucide, mais dont la structure est cristalline.

On trouve en Islande un minéral cristallisé en rhomboèdres, transparent et jouissant de la propriété de la double réfraction : c'est le carbonate de chaux le plus pur, appelé **spath d'Islande.**

Dans certains gros silex creux, il existe une multitude de petits cristaux du même corps, groupés dans la cavité dite **géode** que ces silex renferment.

309. Propriétés. — Toutes ces variétés sont insolubles dans l'eau; mais elles possèdent un caractère qui permet de les distinguer de toutes les autres substances minérales : c'est de faire effervescence avec les acides, même avec le vinaigre, en dégageant leur acide carbonique.

L'eau chargée d'acide carbonique peut dissoudre et tenir en dissolution une certaine quantité de carbonate de chaux. Les eaux de sources ou de rivières en contiennent toujours. Elles deviennent incrustantes quand elles contiennent beaucoup d'acide carbonique, parce qu'elles le perdent en arrivant au contact de l'air et qu'elles laissent par suite déposer le carbonate de chaux qu'elles retenaient à la faveur de leur acide.

Les **stalactites** et **stalagmites** qui ornent si bizarrement certaines grottes n'ont pas d'autre origine.

Fig. 144.

Les eaux de la mer, ce grand collecteur de toutes les eaux de source, contiennent aussi du carbonate de chaux; c'est la source où puisent les innombrables petits animaux qui se construisent une coquille, et les colonies qui édifient des constructions calcaires dont le corail est la plus recherchée.

Les bancs calcaires ou la craie servent à faire la chaux. Il suffit, pour en obtenir, de calciner la pierre dans un four; l'acide carbonique se dégage; la chaux reste sous forme d'une pierre blanche, très-friable, avide d'humidité et donnant avec l'eau une pâte qui mélangée au sable forme le mortier des constructions.

CARBONATES DE POTASSE ET DE SOUDE.

310. Quand on lessive les cendres des végétaux terrestres, on obtient un liquide rougeâtre, savonneux, alcalin, que l'on nomme vulgairement **lessive de potasse.** En l'évaporant convenablement, on en tire un sel appelé ordinairement **potasse;** c'est le **carbonate de potasse.**

On peut l'obtenir très-blanc et pur, en le faisant recristalliser plusieurs fois.

Si on fait la même opération sur les végétaux marins, sur les cendres des varechs, on obtient **la soude brute**, qui est du **carbonate de soude**.

L'industrie livre ce dernier sel sous plusieurs formes, notamment en cristaux blancs qui s'effleurissent à l'air et que tout le monde connaît sous le nom de **cristaux de soude** ou de **sel de soude**.

Ces deux sels sont très-importants, à cause du rôle qu'ils jouent dans le lessivage.

311. Lessivage. — Anciennement, pour dégraisser le linge sale, le lessiver, c'est-à-dire le rendre facile à nettoyer, on l'accumulait dans un cuvier; on le couvrait d'un sac de cendres de bois, et on jetait de l'eau chaude dessus toute une journée. L'eau devenait savonneuse, grasse et onctueuse au toucher, et la matière grasse du linge, détrempée par ce liquide, disparaissait facilement par un brossage, après l'action du savon.

On a depuis remplacé cette opération, pour les tissus légers ou peu souillés, par une ébullition avec des cristaux de soude; et c'est la forme la plus répandue du blanchiment.

Pour les tissus plus difficiles à blanchir, on opère en vase clos, avec une dissolution de carbonate de soude. Le cuvier porte un double fond où l'on met la dissolution; le linge est accumulé au-dessus du fond percillé, autour d'un tube qui ouvre dans le double fond et se termine en haut par une pomme d'arrosoir (fig. 145). L'appareil, fermé hermétiquement, est placé sur un foyer. Le liquide bout; sa vapeur fait pression et le force à s'élever dans le tube d'où il se déverse sur le linge par la pomme d'arrosoir. En quelques heures, le liquide a traversé un grand nombre de fois le linge et l'a suffisamment imbibé de la dissolution alcaline, tout aussi bien qu'aurait pu le faire une lessive qui se serait formée peu à peu en enlevant à des cendres le principe soluble qu'elles contiennent.

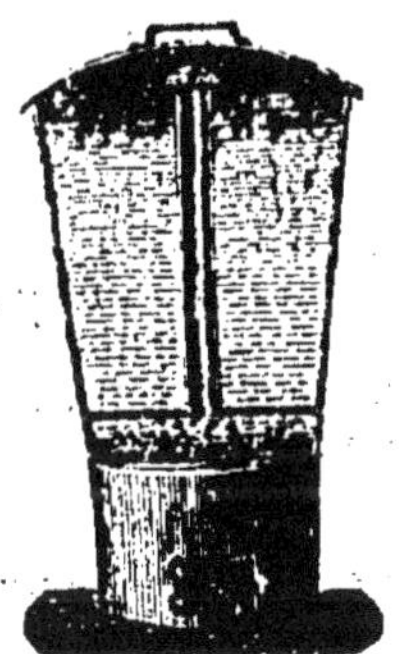
Fig. 145.

SULFATE DE CHAUX.

312. Le sulfate de chaux se rencontre, notamment dans le terrain parisien, sous le nom de **gypse**. Quand il a été calciné à une température modérée, il est facile à réduire en poudre; on lui donne le nom de *plâtre*. Il est alors très-avide d'eau, et quand il la reprend, il durçit assez rapidement.

C'est cette propriété qui le fait employer dans la construction et dans le moulage.

On produirait artificiellement ce corps en attaquant de la chaux par l'acide sulfurique; mais le plâtre ainsi formé ne jouirait pas de la propriété d'absorber l'eau et de donner avec elle une masse dure.

Nous avons vu que les eaux qui contiennent ce sel en dissolution ne cuisent pas les légumes.

SULFATE DE FER.

313. Quand on trempe des lames de fer dans de l'acide sulfurique étendu, il se dégage de l'hydrogène, et il reste un liquide qui laisse déposer par l'évaporation un sel vert en beaux cristaux; c'est le sulfate de fer, appelé encore **vitriol vert.**

Ce sel est employé dans la préparation du bleu de Prusse et de l'encre.

Il sert aussi dans la teinture en noir, en violet et en gris.

On peut s'en servir utilement pour laver les fosses d'aisances; il agit comme désinfectant, en fixant, sous une forme non volatile, les sels d'ammoniaque volatils qui rendent ces lieux si désagréablement odorants.

Il ne se conserve pas en dissolution; il devient ocreux, parce qu'il se forme de la rouille ou sesquioxyde de fer insoluble.

SULFATE DE CUIVRE.

314. C'est un sel d'un beau bleu en cristaux et en dissolution. On l'appelle **vitriol bleu,** à cause de sa couleur et de l'acide qui l'a formé.

Il sert, au lieu de la chaux, pour chauler le blé et détruire un petit champignon qui se développe sur les grains. On l'emploie à la teinture en lilas et en violet. Et c'est lui qui est la base de tous les autres sels de cuivre.

315. Autres sels. — Parmi les autres sels, nous indiquerons les **aluns** qui sont des doubles sulfates; ils sont employés beaucoup en teinture.

Dans les **azotates,** nous citerons seulement l'**azotate d'argent,** qui sert beaucoup dans la photographie et qui est aussi employé en médecine pour cautériser.

Enfin nous rappellerons que les **phosphates** jouent un rôle très-important comme engrais.

CHAPITRE XXIX.

CORPS ORGANIQUES.

316. Substances organisées. — On donne le nom de **substances organisées** à celles qui constituent les tissus, la trame des végétaux et des animaux; c'est un amas de cellules ou de fibres, qui se développent sous l'influence de la vie et s'altèrent plus ou moins rapidement après la mort de l'être. Ainsi une feuille, la matière farineuse d'un grain de blé, les fibres du bois, un morceau de chair, un os, le sang, le lait, voilà des matériaux qui forment les êtres vivants, voilà des substances organisées.

317. Substances organiques. — On désigne ainsi des corps doués de propriétés bien définies, caractérisés le plus souvent par une structure cristalline ou une composition toujours identique, tirés des êtres vivants, mais n'ayant plus rien, sitôt qu'ils sont isolés, de la structure que la vie avait donnée à leur ensemble. De la pulpe de la betterave, corps organisé, on retire le sucre cristallisé; du jus de citron, on obtient un acide solide en cristaux blancs, l'acide citrique. On retire l'amidon de la farine de blé, la fécule du tubercule de pomme de terre, la gélatine des os, l'albumine de l'œuf. L'albumine, la gélatine, la fécule, l'amidon, l'acide citrique, le sucre sont des **substances organiques**; on peut les considérer comme les matériaux des substances organisées.

318. But de la chimie organique. — La chimie organique a pour objet l'étude des propriétés et des transformations des substances organiques; elle cherche le moyen d'extraire ces corps des êtres vivants où ils ont été formés; elle suit leur élaboration dans la nature, pour parvenir à les reproduire. Elle étudie donc tous les composés qui existent dans les êtres vivants, végétaux et animaux.

Elle est moins différente qu'elle ne le paraît d'abord de la chimie minérale; car ce sont les mêmes forces qui président au groupement élémentaire des corps simples dans un composé minéral, tout aussi bien qu'au groupement plus complexe des éléments de telle ou telle substance de l'être vivant.

319. Composition des substances organiques. — Quatre corps simples constituent, à peu de chose près, l'ensemble des corps organiques. Ce sont :

Le **carbone**, l'**hydrogène**, l'**oxygène** et l'**azote**.

1° Le **carbone**. Toute substance organique, soumise à l'action de la chaleur, laisse du charbon pour résidu. Si elle est combustible, elle dégage, en brûlant, de l'acide carbonique, preuve évidente que le carbone est l'un des éléments essentiels des composés de la nature vivante.

2° L'**hydrogène**. Le gaz des marais qui se dégage des matières végétales en décomposition dans l'eau, le grisou des houillères sont des carbures d'hydrogène. Tels aussi sont les essences, les pétroles et la benzine.

3° L'**oxygène**. Le sucre, l'amidon, le bois, les matières grasses contiennent de l'oxygène uni à l'hydrogène et au carbone.

4° L'**azote**. Enfin l'azote se rencontre dans le blanc d'œuf, dans le lait et dans la chair musculaire.

Les autres éléments de la chimie minérale peuvent aussi intervenir dans les composés organiques, mais ce n'est que d'une manière accessoire.

Malgré cette simplicité de matériaux, les produits organiques sont très-nombreux, parce que les éléments se groupent de mille et une manières, s'associent en des proportions très-multiples, ce que ne peuvent faire, en général, les éléments purement minéraux.

Dans tout corps organisé, on peut séparer diverses substances nettement définies, diverses *espèces chimiques* ayant chacune leurs propriétés particulières, et que l'on appelle **principes immédiats**.

Ainsi, dans une orange, on distingue à première vue, très-nettement, trois portions différentes : l'écorce, le jus sucré, les cellules où ce jus est contenu, sans y comprendre les graines dont chacune est elle-même composée. De l'écorce, il est possible d'extraire une essence aromatique et combustible et un produit colorant. Du jus, on peut retirer du sucre et un acide. Chacune de ces substances est une espèce chimique, un principe immédiat du corps organisé.

Les séparer, c'est faire l'**analyse immédiate** de ce corps.

Si on reprend chaque principe immédiat et qu'on cherche les éléments, les corps simples dont il est formé, et la proportion dans laquelle ils s'y trouvent, on fait l'**analyse élémentaire** de l'espèce chimique considérée.

C'est à l'aide de ces deux modes d'investigation qu'on est parvenu à connaître la nature et les propriétés des corps qui forment les êtres vivants.

320. Analyse immédiate.— Les procédés qu'on emploie dans cette opération sont très-nombreux, parce qu'il faut les modifier presque pour chaque cas particulier. Tantôt on a recours au triage mécanique, tantôt on utilise l'action de la chaleur, comme s'il s'agit de séparer deux liquides inégalement volatils ; le plus souvent on a recours aux dissolvants. Prenons un exemple pour fixer les idées; proposons-nous de séparer les principes immédiats d'une pomme de terre.

Le tubercule est rapé, réduit en une bouillie que l'on reçoit sur un linge. On lave à l'eau et on presse cette bouillie au-dessus d'une terrine; on opère ainsi une première séparation ; dans le linge restent les débris des cellules déchirées; c'est un principe immédiat, la **cellulose**.

L'eau de lavage laisse déposer, par le repos, une poudre blanche, en petits grains, que l'on sépare par décantation ; cette poudre est un deuxième principe immédiat, c'est la **fécule**.

Si on porte le liquide à l'ébullition, il se trouble; quelques filaments solides y apparaissent : c'est un troisième principe, l'**albumine**, que la chaleur a coagulée.

Enfin, dans ce liquide débarrassé de l'albumine et évaporé, on constaterait la présence d'un acide et d'un principe sucré.

Le tubercule de pomme de terre contenait donc cinq principes immédiats que l'eau et la chaleur ont permis de séparer.

321. Analyse élémentaire. — L'analyse élémentaire détermine les corps simples contenus dans une substance organique, dans un principe immédiat, une espèce chimique bien pure; et elle cherche leur proportion.

Puisque les corps organiques se composent presque exclusivement de carbone, d'hydrogène, d'oxygène et d'azote, on n'a guère que ces quatre corps à chercher et à doser. On y arrive par des méthodes simples, dont nous indiquerons seulement le principe.

On commence par chercher si la matière contient de l'azote. On en jette un fragment sur des charbons ardents; si la matière est azotée, elle répand une odeur de corne ou de chair brûlée très-caractéristique.

322. Analyse d'une substance non azotée. — On chauffe un poids connu de la substance avec de l'oxyde de cuivre (ou un corps oxydant) pour transformer son carbone en acide carbonique et son hydrogène en eau, que l'on fait dégager à l'état de gaz et que l'on recueille séparément. Du poids de l'eau recueillie, on tire facilement le poids de l'hydrogène contenu dans la substance; il en est de même du poids de carbone, qu'on tire de celui de l'acide carbonique recueilli. L'oxygène est représenté par la différence entre le poids de la matière analysée et la somme des poids de l'hydrogène et du carbone.

On fait généralement l'opération dans un tube de verre chauffé sur une grille à combustion.

C'est à Gay-Lussac et à Thénard que revient l'honneur d'avoir trouvé (en 1810) cette méthode d'analyse des matières organiques.

323. Analyse d'une substance azotée. — Pour une substance qui contient de l'azote, il y a deux opérations. Dans la première, on cherche le poids du carbone et de l'hydrogène. La deuxième est exclusivement consacrée à la recherche de l'azote.

On recueille l'azote à l'état de gaz, que l'on mesure avec soin pour en connaître le poids; ou bien à l'état d'ammoniaque dont on cherche la quantité à l'aide d'un acide.

324. Ordre suivi dans l'étude des corps organiques. — Longtemps on a commencé la chimie organique par l'étude des substances complexes qu'on rencontre dans les végétaux. — On étudiait d'abord la graine, puis, les uns après les autres, les différents principes immédiats que l'on en peut extraire et que les principaux réactifs peuvent en dériver. C'était la méthode purement analytique.

Aujourd'hui, on trouve plus simple de commencer par les corps qui ne contiennent que deux éléments, le carbone et l'hydrogène. On étudie ensuite ceux qui, à ces deux corps simples, ajoutent l'oxygène. Enfin viennent seulement les corps azotés ou quaternaires. C'est la méthode que nous suivrons dans le rapide et court résumé que nous allons faire des principales substances chimiques du règne végétal et du règne animal.

CHAPITRE XXX.

CARBURES D'HYDROGÈNE.

325. L'hydrogène, en s'unissant au carbone, donne une nombreuse série de composés qu'on désigne tous sous le nom générique de **carbures d'hydrogène**.

Les uns sont gazeux à la température ordinaire; tels sont le *protocarbure* ou **gaz des marais** et le **bicarbure** ou gaz oléfiant dont nous avons déjà fait l'étude.

Les autres sont liquides et plus ou moins volatils, comme les **pétroles, la benzine** et les **essences**.

D'autres enfin sont solides, comme la **paraffine**, le **caoutchouc** et la **gutta-percha**.

326 **Pétroles.** — Les pétroles sont des liquides d'une odeur assez désagréable, que l'on emploie depuis quelques années à l'éclairage.

Ils existent tout formés dans la terre; on en trouve notamment dans l'Amérique du Nord, dans l'État de Pensylvanie. On sait que ces composés sont d'un emploi dangereux; les navires qui les transportent et les magasins qui les renferment ont été maintes fois déjà le théâtre de terribles incendies.

Ces liquides contiennent un grand nombre de carbures d'hydrogène, dont quelques-uns sont ou gazeux ou volatils. C'est surtout la présence de ces derniers qui rend les pétroles si facilement inflammables.

Depuis quelques années, on enlève, par distillation, au pétrole brut ces carbures volatils. Le produit qu'on obtient est appelé **gazoléine** ou **essence minérale**; on l'emploie dans des lampes à éponge, sans liquide, qui sont aujourd'hui très-répandues. On remplit la lampe; l'éponge s'imbibe; on reverse le liquide dans le flacon destiné à le contenir et que l'on ne doit ouvrir que loin de tout foyer; on referme la lampe. La vapeur des carbures qui imbibent l'éponge monte dans la mèche et vient brûler avec une longue flamme éclairante,

Le pétrole, débarrassé de l'essence, est dit **rectifié**. Il est moins inflammable; on le brûle dans des lampes à liquide; mais on ne doit toutefois le manipuler que loin de toute source de chaleur.

327. **Benzine.** — La benzine est un liquide incolore, d'une odeur agréable quand elle est pure. Elle dissout très-facilement les corps gras; aussi l'emploie-t-on pour enlever les taches graisseuses sur les étoffes. Elle est très-inflammable et ne doit être par conséquent maniée qu'avec prudence.

On l'obtient dans la distillation des goudrons de houilles, en soumettant à une seconde distillation, à 80°, les huiles qu'une première opération a données.

La benzine peut, sous l'influence de l'acide azotique, se souder de l'azote et de l'oxygène, en échange d'une portion de l'hydrogène qu'elle contient; elle donne alors la **nitro-benzine** que l'on peut transformer en **aniline**, pour produire ensuite les belles couleurs, que l'on appelle des couleurs de houille.

328. **Essence de térébenthine.** — L'essence de térébenthine s'obtient en distillant avec de l'eau la résine qui s'écoule de diverses variétés de pins. Le résidu solide de la distillation, porte le nom générique de résine ; les beaux morceaux constituent la **colophane**.

L'essence de térébenthine est très-combustible et brûle avec une flamme longue et fuligineuse. C'est un carbure riche en carbone; aussi se dépose-t-il beaucoup de noir de fumée dans sa combustion incomplète.

Elle est employée en peinture pour rendre fluide le mélange de l'huile et des matières colorantes.

On l'employait autrefois pour détacher les étoffes; on l'a remplacée très-avantageusement par la benzine, qui n'a pas comme elle la propriété de se durcir à l'air.

Elle est le type d'une classe assez nombreuse de corps volatils que l'on extrait ordinairement des végétaux, par des dissolvants convenables, et de ces dissolvants par la distillation : telles sont les essences de citron, d'orange, de thym, de houblon, de camomille, etc.

329. **Paraffine.** — La paraffine, corps solide blanc, un peu onctueux, avec lequel on fait les bougies transparentes, est aussi un carbure d'hydrogène. On l'extrait des huiles lourdes du goudron de houille.

330. **Caoutchouc. — Gutta-percha.** — Le caoutchouc et la gutta-percha, extraits de grands végétaux des contrées chaudes, sont aussi des carbures d'hydrogène solides. Leurs emplois sont aujourd'hui très-multiples.

CHAPITRE XXXI.

COMPOSÉS ORGANIQUES RENFERMANT DU CARBONE, DE L'HYDROGÈNE ET DE L'OXYGÈNE.

331. Les composés organiques qui renferment le carbone, l'hydrogène et l'oxygène unis dans diverses proportions sont très-nombreux. On peut les ranger en deux grandes catégories :

1° Les **alcools** et leurs dérivés, c'est-à-dire les acides et les éthers; on peut les considérer comme produits par l'oxydation des carbures d'hydrogène.

2° Les **corps neutres**, dont nous ne pouvons pas établir aussi facilement le mode de formation synthétique, comme la *cellulose*, l'*amidon*, la *fécule* et leurs dérivés, le *glucose* et les *sucres*.

I. — ALCOOLS ET LEURS DÉRIVÉS.

Nous donnons le nom d'*alcools* à des liquides volatils, inflammables, d'une saveur brûlante, qui dissolvent bien les resines et les corps gras.

Les deux qui sont les plus employés sont l'**alcool de vin** et l'**alcool de bois.**

332. **Alcool de vin.** — Quand on distille le vin, il passe à la distillation un liquide incolore, qui contient de l'alcool étendu de beaucoup d'eau. Une seconde distillation donne l'**eau-de-vie** du commerce; il faut plusieurs opérations analogues pour obtenir l'alcool fort appelé **esprit-de-vin**, et l'emploi de réactifs pour débarrasser entièrement l'alcool de l'eau qu'il contient et obtenir l'**alcool absolu.**

On évalue la richesse alcoolique d'un liquide à l'aide de l'alcoomètre centésimal de Gay-Lussac, qui indique le volume pour cent de l'alcool contenu dans le mélange.

Si le liquide où l'on recherche l'alcool contient d'autres substances qui modifient sa densité, comme le vin qui contient du sucre, du tartre, du tannin, on se sert d'un petit appareil distillatoire pour tirer du liquide un mélange d'alcool et d'eau où l'alcoomètre puisse donner des indications exactes.

Les jus sucrés provenant des fruits sont la source des diverses *eaux-de-vie*, très-différentes les unes des autres parce qu'un principe spécial aromatique donne à chacune ses propriétés particulières : tels sont le kirsch, le rhum, le genièvre, etc. C'est toujours un alcool plus ou moins étendu d'eau que l'on a extrait des jus de fruits par la distillation.

333. **Esprit de bois.** — Quand on fait le charbon de bois, en vase clos avons-nous dit au chapitre du carbone (voir page 96), on obtient, par l'action du réfrigérant où l'on fait passer les produits volatils, un liquide que l'on sépare le mieux possible du goudron; de ce liquide, on retire un corps volatil analogue à l'alcool de vin, mais présentant une odeur un peu empyreumatique : c'est l'**alcool de bois** ou **esprit de bois.**

On en produit une certaine quantité; et il a, dans un grand nombre de cas, remplacé complétement l'alcool de vin.

334. **Usages des alcools.** — Ces liquides sont des dissolvants des vernis et des substances aromatiques; de plus, ils sont combustibles et donnent beaucoup de chaleur en brûlant; on s'en sert dans de petites lampes, si l'on ne dispose pas du gaz. Pour tous ces usages, c'est l'alcool de bois que l'on emploie aujourd'hui, parce qu'il est le moins cher.

L'alcool de vin n'est guère employé que comme boisson, ou pour dissoudre les principes aromatiques des fruits et constituer les liqueurs.

335. **Caractères chimiques.** — Ces deux alcools sont les

premiers termes d'une nombreuse série de corps analogues, subissant les mêmes actions chimiques. On peut les considérer, théoriquement, comme formés par l'oxydation des carbures d'hydrogène; on les a produits synthétiquement, rien que par l'effet des forces chimiques, en fixant de l'oxygène sur les carbures correspondants.

Tous ces alcools fonctionnent comme des bases en présence des acides; et les sels qu'ils donnent ainsi portent le nom générique d'**éthers.**

De plus, chacun d'eux, en s'oxydant, donne naissance à un acide bien défini; l'acide acétique ou vinaigre est de tous le plus connu.

336. Acides dérivés des alcools. — Acide acétique. — Tout le monde sait que le vin ou un liquide alcoolique quelconque abandonné à l'air, c'est-à-dire subissant une oxydation lente, devient **vinaigre,** donne de l'acide **acétique.**

L'analyse a, en effet, démontré que l'acide acétique ressemble à l'alcool où deux équivalents d'hydrogène ont été remplacés par deux équivalents d'oxygène.

Chaque alcool peut ainsi donner naissance à un acide. Parmi ces corps, nous citerons l'acide *margarique* et l'acide *stéarique*, qui entrent dans la composition des corps gras; mais nous ne décrirons que l'acide acétique.

337. Acide acétique ou vinaigre. — On prépare le vinaigre, dans l'industrie, de trois manières différentes :

1° Par l'oxydation de l'alcool du vin (procédé d'Orléans);

2° — de l'alcool étendu d'eau (procédé Allemand);

3° Par la distillation du bois.

1° **Procédé d'Orléans.** — On introduit 100 litres de bon vinaigre dans des tonneaux de 200 litres de capacité, puis $\frac{1}{11}$ du volume de vin ordinaire. Après un mois ou deux, et de huit en huit jours, on retire 10 litres de vinaigre fait, et on ajoute 10 litres de vin. L'acétification marche ainsi quelque temps avec régularité.

Ce procédé est employé, en petit, dans chaque ménage des pays vignobles pour les besoins culinaires journaliers.

2° **Procédé allemand.** — Dans un grand tonneau de deux ou trois mètres de hauteur, on a accumulé, entre deux doubles fonds percillés, des rubans de copeaux de hêtre. Le tonneau est sur un de ses fonds; on fait tomber goutte à goutte de l'alcool étendu, qui s'oxyde et devient vinaigre au contact de l'air, en se répandant sur la grande surface des copeaux de bois.

3° **Distillation du bois.** — Le vinaigre obtenu dans la distillation du bois doit être purifié du goudron qui le souille et débarrassé de l'odeur mauvaise qu'il possède. On le purifie par des moyens chimiques et on le distille.

L'acide acétique, débarrassé de l'eau qu'il contient d'ordinaire jouit de la propriété de cristalliser, à une température inférieure à 8°.

C'est cet acide fort, dit **cristallisable**, qui remplit les flacons de sels des dames.

338. Éthers. — Quand on fait agir un acide, comme l'acide azotique, sur une base comme la potasse, la soude ou la chaux, on obtient une combinaison, un **sel**, un azotate de potasse, de chaux ou de soude.

De même, si on fait agir un acide sur l'alcool ordinaire ou l'un de ses homologues, on obtient une combinaison, un **sel**, un nouveau corps, où l'alcool joue le rôle de base; c'est un **éther**.

Les **éthers** sont donc des **sels** résultant de l'action des acides sur les alcools.

Ces corps sont très-nombreux, puisque chaque alcool peut se combiner avec les principaux acides minéraux ou organiques.

Ils sont tous volatils et inflammables, d'une odeur vive et agréable, bons dissolvants des matières grasses et résineuses.

Le plus commun est l'**éther** ordinaire, dit **éther sulfurique** parce qu'il est obtenu par l'action de l'acide sulfurique sur l'alcool. Il est si inflammable qu'il faut se garder d'ouvrir, près d'une lampe ou d'un feu, le flacon qui le contient : le liquide prendrait feu instantanément.

Le **chloroforme**, si employé aujourd'hui comme anesthésique, est un éther de l'esprit de bois, doué d'une odeur suave très-agréable.

339. Propriété caractéristique. — Tous ces corps jouissent de la propriété de se détruire quand on fait agir sur eux une base puissante comme la potasse ou la chaux. L'alcool qui avait donné naissance à l'éther se régénère; et l'acide qui y était contenu forme un sel minéral, soluble ou insoluble, avec la base. C'est la **saponification** de l'éther qu'on opère ainsi : elle nous permettra de comprendre la théorie de la fabrication des savons, et la possibilité d'extraire du suif les acides dont on constitue les bougies.

340. Corps gras. — Les corps gras sont très-répandus dans le règne végétal et dans le règne animal. Dans les végétaux, c'est principalement la graine qui les contient (colza, lin, pavot, amandes, etc.), et plus rarement le fruit (olives, fruits des palmiers).

Les uns sont solides, comme le suif et les graisses; les autres liquides, comme les huiles. Tous sont insolubles dans l'eau, solubles dans l'éther; ils sont onctueux au toucher et laissent sur le papier une tache translucide; ils s'enflamment à une température élevée.

Au point de vue chimique, ce sont des éthers, c'est-à-dire des sels contenant un alcool, la **glycérine**, et divers acides gras. Ils peuvent se dédoubler, se *saponifier* et donner des savons quand on fait agir sur eux les alcalis.

341. Huiles. — Les huiles sont obtenues par la compression des graines oléagineuses; on les épure par l'agitation avec un peu d'acide sulfurique, suivie d'un repos prolongé.

Les unes se durcissent à l'air; on les appelle pour cette raison **huiles siccatives** et on les emploie surtout dans la peinture ou dans la confection des savons (huile de lin, de noix, de chènevis, d'œillette, de ricin).

Les autres se conservent liquides sans se durcir; elles sont généralement employées à l'alimentation : la plus importante et la plus recherchée est l'huile d'olive; vient ensuite l'huile de faînes; les huiles de colza, de cameline, de navette sont employées à l'éclairage, l'huile de noisettes dans la parfumerie.

342. Savons. — Les savons sont des combinaisons des acides gras avec les bases. Les seuls solubles sont produits avec la *potasse* qui donne les savons *mous*, et avec la *soude* qui donne les savons *durs*.

Pour les faire, on mélange des huiles avec des lessives de potasse ou de soude; la base alcaline se combine à l'acide gras de l'huile; mais le savon formé ne se dépose pas de suite à l'état solide; il faut lui soutirer une partie de son eau et ajouter du sel marin pour le faire prendre en masse. On fait ainsi le savon **marbré**, qui est le plus dur, et le savon **blanc**, qui contient plus d'eau. On parfume la masse avec diverses essences pour faire les savons de toilette.

Toutes ces variétés sont employées au blanchiment, parce qu'elles agissent comme le feraient des alcalis très-faibles.

343. Suif et bougies. — Le suif ou graisse des herbivores, débarrassé par fusion des cellules qui contenaient la matière grasse et coulé en pains, servait autrefois à la fabrication des chandelles; on en tire aujourd'hui la matière des bougies.

Les chandelles sont faites en coulant le suif fondu dans des cylindres où sont tendus des fils de coton destinés à former la mèche. Elles ne donnent en brûlant qu'une flamme fumeuse, qu'il faut débarrasser de temps à autre des résidus charbonneux de la mèche brûlée; de plus, elles fondent et coulent quand la température s'élève.

Leur usage tend à disparaître depuis la découverte des **bougies stéariques**, moins fusibles que le suif et susceptibles de brûler sans odeur.

Pour obtenir, avec le suif, la matière des bougies, on sépare les acides gras (oléique, margarique, stéarique) de la glycérine. Cette opération se fait à l'aide de la chaux qui combine les acides gras et met la glycérine en liberté. On obtient les acides gras en combinant la chaux avec de l'acide sulfurique. Ces trois acides mélangés ont un point de fusion déjà supérieur à celui du suif. On en extrait encore, par compression, l'acide oléique, qui est liquide à la température ordinaire; les deux autres sont fondus ensemble et coulés dans les moules.

La mèche est en fils de coton tressés, imprégnés d'acide borique; elle se courbe légèrement à mesure que la bougie brûle, et son extrémité se consume entièrement dans la portion la plus chaude de la flamme et au contact de l'air.

II. — AMIDON. — FÉCULE. — GLUCOSE ET SUCRES.

344. L'une des substances les plus répandues dans le règne végétal, c'est la **matière amylacée**; on la trouve dans le tissu des racines, dans les graines autour des cotylédons, dans les tubercules autour des bourgeons qui reproduiront la plante. On lui donne le nom d'**amidon** quand on l'extrait du blé et des graines de légumineuses, et celui de **fécule** quand on la retire des tubercules, notamment de la pomme de terre.

L'amidon s'obtient en malaxant de la farine sous un filet d'eau. Il se sépare de l'eau et se dépose sous forme d'une poudre blanche.

La fécule s'obtient d'une façon analogue en malaxant la pulpe d'un tubercule de pomme de terre râpé.

Ces deux corps sont en grains microscopiques. Ils ont la même composition chimique et les mêmes propriétés.

L'amidon placé dans l'eau chaude se gonfle et constitue l'*empois* qui sert à empeser le linge. Cet empois *bleuit* fortement la teinture d'iode.

Si on fait bouillir quelque temps, dans une eau légèrement acidulée ou avec de l'orge germée, l'amidon et la fécule, ces deux corps deviennent solubles, sans changer de composition chimique; ils ne bleuissent plus l'iode; ils passent à l'état d'une matière gommeuse appelée **dextrine**; et même, si l'opération dure un certain temps, ils donnent une substance sucrée appelée **glucose.**

Cette transformation, qu'on réalise si facilement dans les laboratoires, s'opère dans la graine, au moment de la germination, sous l'influence de la diastase; alors l'amidon ou la fécule deviennent peu à peu solubles et peuvent ainsi servir de premiers matériaux à la jeune plante.

345. Substances sucrées. — Les substances, sucrées forment deux groupes : dans le premier rentrent le glucose ou sucre de raisin et les sucres de fruits; dans le second, le sucre de betterave et de canne.

346. **Glucose.** — Le glucose est la substance sucrée des raisins, des prunes, des figues, du miel. Il constitue les efflorescences d'aspect farineux qui recouvrent les fruits doux, comme les pruneaux secs.

On le nomme aussi **sucre de fécule** parce qu'on peut le retirer de cette substance à l'aide de la diastase de l'orge germée. L'industrie en prépare de grandes quantités qu'elle transforme ensuite en alcool.

Le glucose sucre environ quatre fois moins que le sucre ordinaire.

347. **Sucre de canne ou de betterave.** — Le sucre blanc, cristallisable, le plus employé est extrait de la pulpe de la canne (grand roseau des contrées chaudes) et de la betterave. Pour le séparer des cellules de la plante et de tous les corps qui l'accompagnent et qui le détruiraient promptement, on le combine à la chaux, avec laquelle il donne une combinaison soluble que l'on sépare de tous les corps insolubles : c'est la **défécation** des jus sucrés. On se débarrasse de la chaux par un courant d'acide carbonique. On filtre le jus sucré sur du noir animal en grains. On le cuit dans le vide et on le fait cristalliser. On obtient ainsi le sucre brut ou de premier jet. On le raffine, de manière à l'obtenir bien pur, bien blanc et bien cristallisé.

En gros cristaux, il porte le nom de sucre candi. Il est très-soluble dans l'eau, mais insoluble dans l'alcool.

Il jouit de la propriété de se transformer chimiquement, sous l'influence d'un **ferment** organisé, comme la levûre de bière. Il se dégage une mousse d'acide carbonique, et il se forme de l'alcool dans la liqueur.

Cette **fermentation** a lieu spontanément pour les jus sucrés de fruits que l'on abandonne au repos, et qui portent avec eux leur ferment, c'est-à-dire leur transformateur : c'est la source de l'alcool que la distillation peut retirer de ces liquides.

CHAPITRE XXXII.

CORPS ORGANIQUES AZOTÉS.

348. Les corps organiques qui contiennent les quatre éléments simples, notamment l'azote, peuvent se classer pour l'étude en deux catégories :

1° Les produits végétaux qui ressemblent à l'ammoniaque et à ses sels, et que l'on nomme *alcaloïdes*, et les composés chimiques artificiels qui leur sont analogues ;

2° Les produits d'origine animale.

1° **Alcaloïdes.** — Les alcaloïdes sont des bases organiques qui, dans les végétaux, saturent les acides; la plupart sont fixes, quelques-unes volatiles; toutes sont, dans les plantes, les principes actifs qui constituent leurs propriétés vénéneuses ou médicales.

Les plus remarquables sont :

La *quinine*, qu'on extrait de l'écorce de quinquina;

La *morphine* } qu'on extrait du suc du pavot,
La *codéine* }

La *strychnine*, qu'on extrait de la noix vomique (fruit du strychnos);

La *nicotine*, qui existe dans les feuilles de tabac.

Les trois premiers de ces corps servent très-utilement en médecine.

Les deux derniers sont des poisons très-violents.

349. **Quinine et quinquina.** — Les quinquinas sont des arbres qui croissent en Bolivie, sur la Cordillère des Andes. On utilise l'écorce du tronc et des branches.

Cette écorce, pulvérisée et macérée dans de l'alcool, abandonne peu à peu à ce liquide l'alcaloïde qu'elle contient. La dissolution alcoolique d'écorce sert à préparer le **vin de quinquina**, dont tout le monde connaît les propriétés toniques et les bons effets.

On retire aussi de cette écorce, par des réactions chimiques, un sel blanc cristallisé, le **sulfate de quinine**, qui est employé très-avantageusement pour combattre les fièvres et les maladies intermittentes.

C'est un des médicaments les plus précieux que nous possédions.

MATIÈRES ANIMALES.

Le sang, qui parcourt le corps pour porter dans tous les organes les éléments de leur entretien et de leur accroissement, renferme tous les principes du corps des animaux. Les deux plus importants au point de vue chimique sont l'*albumine* et la *fibrine*.

350. **Albumine.** — L'albumine du sang est analogue à celle du blanc d'œuf. C'est une substance azotée, liquide, que la chaleur durcit ou coagule. Cette coagulation peut même se faire à froid sous l'influence de certains corps; l'albumine coagulée se sépare alors en filaments qui forment un grand réseau capable d'emprisonner dans ses mailles les corps solides en poussière qu'il rencontre; c'est à raison de cette propriété qu'on emploie le blanc d'œuf pour clarifier les liquides.

L'albumine sert dans l'industrie à fixer les couleurs insolubles; on imprime sur le tissu le mélange de couleur et d'albumine, puis on coagule, par la vapeur, cette dernière qui fixe solidement la couleur sur l'étoffe.

Dans l'économie animale, l'albumine est l'un des principaux principes plastiques ou constituants du corps.

331. **Fibrine.** — La fibrine a la même composition chimique; elle est blanche, sans odeur ni saveur; mais elle se coagule sitôt qu'elle n'est plus sous l'influence de la vie; c'est elle qui fait coaguler le sang qui sort de la veine d'un animal.

La chair musculaire, débarrassée de ses matières grasses et du sang qui l'imprègne, n'est presque que de la fibrine.

332. **Autres principes immédiats.** — Parmi les autres principes azotés du corps des animaux, nous citerons la **caséine** du lait, le **gluten** des farines, la **gélatine** des os, l'**urée** qu'on fait cristalliser de l'urine et qui représente la forme sous laquelle les matériaux azotés devenus inutiles sont expulsés du corps.

333. **Destruction des matières animales.** — La matière animale soustraite à l'influence de la vie peut ne pas subir d'altération, si elle est tenue à l'abri de l'air et de l'humidité; mais en présence de l'oxygène de l'air, surtout quand la température est élevée, elle se décompose; elle exhale une odeur fétide; elle subit une série d'altérations qui la font repasser en partie plus ou moins rapidement à l'état de gaz : on dit qu'elle subit la **fermentation putride**. Ce travail est beaucoup activé par les organismes microscopiques qui, sous le nom de germes, se trouvent dans l'air et paraissent, d'après les beaux travaux de M. Pasteur, être comme les pourvoyeurs de l'oxygène nécessaire à la transformation de la substance. Ces ouvriers, infiniment petits, font rentrer dans la nature minérale, en eau, acide carbonique, ammoniaque, les éléments qui formaient le corps organisé et où la végétation trouvera les matériaux pour les plantes qu'elle fait croître. La matière qui a cessé de vivre reprend vie sous de nouvelles formes, soit en servant à l'alimentation d'animaux inférieurs, soit en servant d'aliment aux plantes.

334. **Conservation des substances organisées.** — Tous les procédés de conservation des substances organisées ont pour objet de détruire les germes des ferments ou de les placer dans des conditions où ils ne puissent se développer.

1° Dessiccation. — La dessiccation est un des moyens les plus parfaits de conservation; mais son emploi ne peut être que restreint. Elle est surtout utilisée pour conserver les fruits, qui sont desséchés en entier, comme les prunes, les figues, les dattes, les raisins; ou bien après avoir été coupés en morceaux, comme les pommes.

On l'a aussi appliquée aux légumes alimentaires, que l'on comprime sous un petit volume après les avoir soumis à la dessiccation dans des étuves à courant d'air chaud. L'immersion dans l'eau rend à ces légumes leur volume et leur aspect primitifs.

2° Froid. — Les substances organisées ne se putréfient pas tant qu'elles sont exposées à un froid suffisant. Le contact de la glace à 0° suffit pour assurer, pendant l'été, la conservation des viandes et du poisson.

3° Procédé Appert. — On se propose de débarrasser les substances des germes de ferments qu'elles peuvent contenir et de les mettre à l'abri rigoureux de l'air, pour leur assurer une conservation de longue durée.

Les mets, tout préparés, sont placés dans des boîtes en fer-blanc dont on soude le couvercle, en n'y ménageant qu'une petite ouverture circulaire; on plonge les boîtes dans l'eau bouillante, où on les maintient plus ou moins de temps. Quand les vapeurs sortent avec force par la petite ouverture du couvercle, on retire la boîte et on bouche l'ouverture avec une goutte de soudure.

Les viandes préparées par ce procédé sont bonnes encore après dix ans, mais elles ont toujours une saveur particulière, qui finit à la longue par exciter la répugnance.

Les légumes d'un petit volume, comme les petits pois verts, sont conservés dans des bouteilles en verre bien bouchées et chauffées dans un bain d'eau salée.

4° Conservation par les antiseptiques. — On désigne sous le nom d'**antiseptiques** des substances jouissant de la propriété de détruire les germes organisés qui sont les agents de la putréfaction.

Le *sel* est le plus employé pour les viandes et surtout pour le poisson; les aliments salés sont en effet très-répandus; ils constituent la plus grande partie de la nourriture à bord des navires.

Après le sel, l'antiseptique auquel on a le plus souvent recours, c'est la *fumée* de bois qui agit par la **créosote** qu'elle contient; mais elle communique aux viandes une saveur particulière qui limite son emploi.

Pour la conservation des pièces anatomiques, on se sert de bichlorure de mercure, d'acide arsénieux, d'acide phénique, qu'on ne peut songer à appliquer aux substances alimentaires, puisque ce sont des produits vénéneux.

TABLE

DES CORPS SIMPLES AVEC LEURS SYMBOLES ET LEURS ÉQUIVALENTS.

MÉTALLOÏDES.

HYDROGÈNE H = 1.

Arsenic	As	75	Iode	I	127
Azote	Az	14	Oxygène	O	8
Bore	Bo	11	Phosphore	Ph.	31
Brôme	Br	80	Sélénium	Se.	39,75
Carbone	C.	6	Silicium	Si.	21
Chlore	Cl.	35,5	Soufre	S.	16
Fluor	Fl.	19	Tellure	Te	64,5

MÉTAUX.

Aluminium	Al.	13,75	Mercure (hydrargyrum)	Hg.	100
Antimoine (Stibium)	Sb.	120	Molybdène	Mo.	48
Argent	Ag.	108	Nickel	Ni.	29,5
Baryum	Ba.	68,5	Or	Au.	98
Bismuth	Bi	106	Palladium	Pd.	53
Cadmium	Cd.	56	Platine	Pt.	98,5
Calcium	Ca.	20	Plomb	Pb.	103,5
Chrome	Cr.	26	Potassium	K	39
Cobalt	Co.	29,5	Rubidium	Rb.	85
Cuivre	Cu.	31,75	Sodium (Natrium)	Na.	23
Étain (Stannum)	Sn.	59	Strontium	St.	44
Fer	Fe.	28	Tantale	Ta.	92
Lithium	Li.	7	Thallium	Tl.	204
Magnésium	Mg	12	Uranium	U.	60
Manganèse	Mn	27,5	Zinc	Zn.	33

MÉTAUX PEU COMMUNS.

Cerium,	Iridium,	Rhodium,	Tungstène,
Cæsium,	Lanthane,	Ruthénium,	Vanadium,
Didyme,	Niobium,	Terbium,	Yttrium,
Erbium,	Osmium,	Thorium,	Zirconium,
Glucinium,	Pelopium,	Titane,	Gallium.

TABLE DES MATIÈRES.

Paris. — Imp. E. Capiomont et V. Renault.

www.ingramcontent.com/pod-product-compliance
Ingram Content Group UK Ltd.
Pitfield, Milton Keynes, MK11 3LW, UK
UKHW012226240726
13966UKWH00003B/977